禮儀師

與殯葬服務

Funeral Director and
Funeral Service

作者－尉遲淦

中華殯葬教育學會主編　　中華民國葬儀商業同業公會全國聯合會　協力

自 序

　　對我們而言，《禮儀師與殯葬服務》並不是我們第一本討論這個問題的書。過去，我們在二○○三年一月就曾經出版過另一本與禮儀師有關的書，就是《禮儀師與生死尊嚴》。不過，在那一本書中，我們對於禮儀師的討論並不成熟也不完整。之所以如此，是因為這是我們對於禮儀師這個課題最初的討論。在當時的時空背景下，禮儀師剛剛成為殯葬業的唯一證照，初步納入「殯葬管理條例」之中，有關禮儀師證照制度的建立還在嘗試階段。因此，無論是對於禮儀師的認知或是證照制度的建構，基本上都還不太成熟。雖然如此，從今天看來，當時的發展方向大體上並沒有太大問題。所以，我們依舊延續過去的軌跡，並且將後來的發展併入其中，讓整個禮儀師的敘述能夠更加完整。

　　原先，禮儀師並不是政府部門所希望使用的殯葬服務人員正式稱呼。對他們而言，司儀才是他們希望使用的稱呼。但是，在客觀形勢比人強的情況下，民間殯葬業者所使用的禮儀師稱呼後來取代了司儀的稱呼。表面看來，這是一個使用者的問題。其實，深入了解的結果，就會知道這是一個本質的問題。因為，禮儀師稱呼的勝出主要不是來自民間使用的結果，而是意義較為合適所致。如果我們對於台灣的殯葬服務真的有所了解的話，那麼就會知道司儀只是整個殯葬服務的一環。雖然過去有個階段，司儀似乎掌握了整個殯葬服務的大權，但是在實際運作的影響下，最終殯葬服務的大權還是回歸禮儀師本

身。這個轉變的發生，最關鍵的影響因素，就是禮儀師才能真實反映我們殯葬服務的真意。對我們而言，我們殯葬服務的核心關鍵與西方不同。對西方人而言，禮儀師的殯葬服務核心是在遺體的處理上，因此，他們非常強調防腐的專業技能。所以，他們的禮儀師稱為殯葬指導師。至於我們就不一樣了，我們是以禮俗為主在提供服務的。因此，我們的禮儀師就稱為禮儀師而不是別的。

就是基於這樣的內涵，禮儀師成為整個殯葬服務的主導者。可是，過去在死亡禁忌的影響下，禮儀師的服務範圍十分有限。尤其是在早期土公仔的時代，殯葬服務原則上只限於死後的喪事處理。不過，隨著時代的變遷，整個家庭結構的改變，過去的喪事服務已經不足以滿足現代人的需求。於是，在西方殯葬服務的影響下，我們的禮儀師就從過去的單純喪事服務，變成帶著臨終關懷與悲傷輔導（或後續關懷）的服務。對我們而言，這種服務範圍的改變不只是一種生意競爭的手段，更是一種服務亡者與家屬的真實需求。也就是這種服務範圍的改變，讓殯葬業的服務變得很完整，也才有能力滿足現代人對於解決死亡問題的需求。

問題是，服務的擴充不代表內容的實踐。實際上，在整個殯葬服務的執行上，我們並沒有和過去的服務深度有很大的差別。我們唯一改善的，就是服務的品質部分。由於受到日本服務的影響，我們的殯葬服務從只要有服務就好，轉向服務要有高品質的要求。可是，對現代人而言，服務的高品質與否只是有關喪禮要求中的一部分，更重要的是，如何藉著這樣的服務，解決死亡所引發的相關問題。所以，在解決死亡問題的要求下，我們的殯葬服務雖然形式上已經往臨終關懷與悲傷輔導（或後續關懷）延伸，但是實質上卻還沒有能力提供相關的服務。這就是這些年來我們看到殯葬改革的作法一直都在產品的改善與研發上著墨的理由。

　　爲了滿足這樣的現代需求，我們認爲我們不能一直停留在過去殯葬服務的平面思考上，而需要進入立體思考的深層層面。唯有如此，我們才能深入亡者與家屬的內心，提供眞的可以幫助他們解決死亡問題的生死兩相安的服務。基於這樣的考慮，我們從禮儀師的認知與服務範圍著手，設法釐清禮儀師的相關內容與服務模式，讓禮儀師能夠很清楚的提供服務。這就是我們第一篇要定名爲「禮儀師的服務模式」的理由。在這一篇當中，我們的前三章曾經發表在《禮儀師與生死尊嚴》一書。不過，當時的發表並不完整，並沒有將悲傷輔導的部分也放入其中。後來，隨著〈從殯葬處理看現代人的悲傷輔導〉一文的完成，我們有關禮儀師服務模式的建構總算完整了。因此，在這裡我們將這一部分補足。

　　不過，只有服務模式的建構是不夠的。因爲，禮儀師不是一個殯葬服務業想要怎麼用就怎麼用的角色，而是一個我們殯葬服務不得不有的角色。因此，在這樣的考慮下，政府希望藉著證照制度的建立，讓整個殯葬服務可以有全面性的提升。所以，在「殯葬管理條例」當中，禮儀師就成爲未來殯葬服務的唯一證照，表示未來在提供殯葬服務時，禮儀師是唯一具有證照的專業服務者。可惜的是，這樣的構想美意在其他政府部門認知不足與配合意願不高的情況下，一波數折，至今仍在努力之中。就內政部民政司的構想，禮儀師是需要具備三個條件的：第一個是乙級喪禮服務技術士的證照，第二個是兩年工作經驗，第三個是二十個殯葬專業課程的學分。

　　就第一個條件而言，有關技術士證照的部分主要由勞委會配合辦理。最初，禮儀師的考試是請考試院配合。可是，後來法律通過之後，考試院又反悔了，認爲禮儀師根本就不夠格成爲專門技術人員的一員。就是這樣，有關考試的部分就變成勞委會的技能檢定。雖然勞委會同意配合禮儀師的證照制度，但是他們不認爲喪禮服務技術士需

要設到三級，也就是甲級、乙級與丙級。在不斷協商討論之後，最終將喪禮服務技術士的證照考試規劃成為乙級和丙級。目前，丙級的部分已經規劃完成，也已實施三次考試，參與的情況大致不錯。至於乙級的部分現在仍在規劃當中，預計二〇一二年正式開考。

就第二個條件而言，有關兩年工作經驗的部分仍在規劃當中。不過，一般認為條件限制不能太鬆。因為，禮儀師的證照是一張服務的證照，如果我們的限制太過寬鬆，那麼無論是誰，只要他曾經在殯葬相關單位待過就可以了。這麼一來，對那些實際上正在從事服務的殯葬人員是不公平的。同時，也會讓這些拿到證照的人只會佔據證照的位置而沒有實際的服務作為。所以，基於這樣的考量，有關兩年工作經驗的限制就不能太過寬鬆，仍然應以實際參與殯葬相關服務的人員作為主要的應考對象。

就第三個條件而言，有關殯葬專業課程的學分目前已經有個眉目。根據內政部民政司的構想，禮儀師至少要修習二十個殯葬專業課程的學分數是不會變了。至於科目的部分，暫時是有五門必修科目，每門最高承認兩學分。至於必修科目則應包括人文科學領域的三科：殯葬禮俗、殯葬生死觀／殯葬倫理學（二選一）、殯葬會場規劃與設計／殯葬文書／殯葬司儀（三選一），健康科學領域的一科：殯葬衛生學（含殯葬後續關懷），社會科學領域的一科：殯葬服務與管理（含殯葬政策與法規）。表面看來，這些課程的規劃是以「殯葬管理條例」有關禮儀師職掌的內容為主。不過，經過我們仔細了解，就會發現這樣的規劃並沒有完全按照禮儀師的職掌。例如臨終關懷的部分就不在其中，悲傷輔導的部分也不見了。雖然有人可能會說這兩者可以被包含在殯葬後續關懷裡，甚至放在殯葬衛生學當中。不過，如果我們清楚這些課程的分際，就會知道這樣的合併是錯誤的。因為，臨終關懷是在探討臨終的問題，而悲傷輔導則在探討死亡所引發的悲傷

問題，兩者都不是殯葬衛生學與殯葬後續關懷所能涵蓋的。所以，這就是我們要在本書的第二篇探討「禮儀師與證照」的理由。在這一篇當中，我們提供三章討論這個課題：第五章是「殯葬業與證照」、第六章是「關於禮儀師證照考試建構過程中的一些省察」、第七章是「禮儀師證照考試科目之我見」。

除了上述的服務模式與證照的問題之外，禮儀師還有更實際的問題，就是實際服務的問題。目前，有關禮儀師實際服務的問題並沒有太多討論。但是，有關這個問題的討論卻很重要。因為，如果我們沒有確實了解目前的服務狀況，那麼就不清楚殯葬業的服務水準做到什麼程度。因此，在第三篇當中，我們用兩章的篇幅處理這個課題：第八章就是「台灣殯葬服務的發展趨勢」、第九章就是「海峽兩岸殯葬服務比較」。對我們而言，這兩篇論文雖然都是以前的舊作，但是對於殯葬服務的了解與判斷並沒有因此而跟不上時代。相反地，這兩篇文章的了解與判斷仍然貼合著殯葬服務的腳步，值得一般對殯葬服務有興趣的讀者參考。

最後，在第四篇「殯葬服務與創新」的部分，我們放了兩篇文章：一篇是「殯葬業者如何處理臨終病人回家的問題」、一篇是「人生的最後告別——如何安頓亡者：從殯葬服務到後續關懷」。我們放這兩篇文章的目的，在於讓一般對殯葬服務創新有興趣的讀者了解，殯葬服務的創新不是一件容易的事情。在一般的情況下，我們對於殯葬服務創新都存著一種不正確的想法，認為只要和現有的作法不同就是創新。其實，這樣的創新想法太過簡單。實際上，殯葬服務創新是有標準的，這個標準就是建立在殯葬服務需求的滿足上。如果我們的服務創新不能滿足這個標準，那麼這樣的服務創新是沒有意義與作用的。所以，我們的服務創新不是盲目的，而要根據亡者與家屬的殯葬需求來構思與創發。例如有關回憶光碟的製作，一般都把重心放在告

別式的紀錄或亡者生平的回顧。問題是，這樣的方式恰當嗎？對亡者與家屬而言，回憶光碟存在的目的，不是爲了喚醒他們痛苦的回憶，而是要讓他們更有動力走向未來。因此，我們必須重新調整回憶光碟的製作方式，讓回憶光碟不只是一種睹物思情的產物，而是一種讓我們可以從中汲取生命資糧更有動力走向未來的產物。在此，有關亡者生命意義與價值的挖掘，就成爲決定回憶光碟成功與否的關鍵。如果回憶光碟製作成功了，那麼家屬就不會認爲回憶光碟只是痛苦的代表。如果回憶光碟製作失敗了，那麼家屬就會認爲回憶光碟只是痛苦的印記。所以，關鍵就在於我們對於回憶光碟抱持著什麼樣的態度與想法。如果我們確實了解回憶光碟是要協助亡者與家屬解決死亡所帶來的分離問題，那麼我們就會知道怎樣的作爲才是恰當的。

　　在此，我們還是要不免於俗的感謝一些人。首先，我要感謝我的家人這些年的支持與協助，尤其是我的內人林慧婉女士，讓我可以在殯葬研究的路上走得沒有後顧之憂。其次，我要感謝一些好友，尤其是阮俊中與王思方夫婦，讓我有機會利用課堂把我對殯葬服務的想法形構出來。最後，更要感謝閻富萍總編輯以及她的團隊，讓我有機會將這些年來對於殯葬服務的研究成果，呈現給所有對殯葬服務有興趣的讀者。希望經過這本書的出版，未來有更多的人能夠投入殯葬服務的研究與發展。這不只是我的期盼，也是所有亡者與家屬的期盼！

尉遲淦 敬書
二〇一〇年十一月十三日

目 錄

第一篇 禮儀師的服務模式

第一章 殯葬禮儀師的新作法

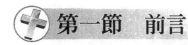

✚ 第一節　前言

　　對於一般人來說，殯葬禮儀師似乎是個很新鮮的名詞。但是，在新鮮的感覺之外，殯葬禮儀師似乎還是傳達著過去土公仔的意義，反映一般人對於殯葬從業人員的印象。如果殯葬禮儀師眞的只是土公仔的現代版，那麼殯葬禮儀師的所作所爲就無法超越土公仔的所作所爲。這麼一來，殯葬禮儀師的稱呼就沒有辦法改變殯葬從業人員的意義與地位。因此，殯葬禮儀師的意義和作法就必須不同於土公仔的意義和作法。

　　就過去土公仔的意義而言，土公仔最初指的是在土葬時幫喪家築墳之人。後來，隨著時代的演變，土公仔從築墳之人的意義變成所有幫喪家辦理喪事之人的代表。土公仔的意義之所以有這樣的轉變，主要在於家庭結構的轉變。過去，有關死亡方面的處理都是由家族中的長者負責。這種負責具有以下幾個意義：(1)表示死亡是屬於家族的事而非個人的事；(2)死亡具有傳承的意義，需要長者做見證；(3)只有長者具有完整的喪葬處理經驗與知識，才能妥善處理死亡；(4)長者具有充分的權威，能夠指揮分配相關的工作而沒有異議的產生。在長者的指揮領導下，喪事得以順利完成。後來，隨著社會的變遷，家族關係不再緊密，個人喪事不再透過家族處理。問題是，由於家庭缺乏過去家族處理喪葬經驗的傳承，所以個人喪事只好委由外人處理。這種外人又不能隨便找一般人，因爲一般人對於死亡總有一些忌諱，只好找較有經驗且對死亡較不忌諱之人來處理。就這樣，土公仔成爲處理喪事的專業人士。

　　然而，土公仔並沒有因爲所處理事情的特殊性就得到較高的評

價。相反地，他們反而因為接觸死亡的結果而得到較低的評價。這種做了一般人不想做又不敢做的事情、卻又無法得到較高評價的主要原因，在於：(1)死亡是人生命的結束，結束代表沒有希望，而所有的工作都在給予人們希望，只有死亡處理的工作是帶來絕望，因此變成一般人不想做也不願意做的工作；(2)死亡是對生命的破壞，這種破壞會對生命帶來不幸，而這種不幸是會傳染的，一旦接觸這種不幸，自己就會處於不幸之中，因此這種會為自己帶來不幸的工作最好不要做也不敢去做。

雖然土公仔做的事是大家一定要做卻又不敢做的事，結果並沒有得到應有的評價，當然會引起土公仔的反彈。但是反彈歸反彈，土公仔卻無力主動改變，只好在自我肯定的情況下，透過不同的方式予以彌補。

例如對於喪事的處理要求較高的費用，認為這種較高的收費是合理的。因為，土公仔的工作是一般人無能去做也不敢去承擔的事。因此，基於專業以及高風險的觀點，收費高一點是理所當然的。又如從事土公仔的職業是一種做功德的事。對於他們而言，死亡的事是一般人不願意去接觸的，現在他們主動去幫忙處理，就表示他們是為了社會大眾的需要，才冒著被死亡傳染的風險來做這樣的事。所以，這種為了幫別人處理事情而冒著自己生命危險的作為，應該可以稱得上功德一件。

不過不管土公仔如何自我肯定，社會上的評價並沒有因此而改變。這點反應出土公仔本身的一些問題。一般而言，社會大眾對於土公仔的印象總是負面的。這種負面印象，首先反映在穿著打扮與舉止言談上。就穿著打扮來看，土公仔總是讓人覺得邋遢隨便。就舉止言談來看，土公仔總是讓人覺得粗俗暴戾。其次，反映在價格上，讓人覺得土公仔總是死要錢，似乎死人錢特別好賺。還有，在服務上，由

於喪家對於整個喪禮的無知，再加上土公仔利用這樣的無知予取予求的結果，讓喪家難以覺察服務的真正品質所在。

對於這些問題，嚴格來說，完全歸咎於土公仔本身也是不合理的。因為，土公仔是一個家族傳承的行業，也是一個社會遺棄的行業。雖然大家都承認死亡是每個人都會遭遇到的事，死亡所衍生的問題也是需要處理的，然而一旦真的要求大家去面對與處理時，大家卻又一起採用逃避的策略。結果，使得整個喪葬的處理變成私下處理，而不是公開的事。這麼一來，難怪在教育系統中就看不到談論有關殯葬專業的科系。現在，我們既然要求土公仔要改善自己，卻又不提供改善的方法，只是一味要求他們自我改善，這樣做是有點不太公平。因為，說真的，在目前土公仔的教育與專業水平上，他們的確不太容易主動改善自己。如果他們本身真的具有這樣的能力，那麼他們早就改變自己的社會地位了，也不會一直處於社會的下層階級。所以，在要求土公仔改善自己之前，社會大眾必須先讓土公仔具有改善自己的能力。

就是這樣的要求，殯葬禮儀師的稱呼才會慢慢成為土公仔的現代稱呼。希望藉著這種稱呼的改變，提供土公仔全新的內涵與服務的模式，一方面讓殯葬業能夠擁有新的社會地位與服務品質，一方面讓接受服務的消費者能夠真的達到生死兩相安的圓滿目的。那麼，這種禮儀師的新稱呼要具有什麼樣的內涵以及服務模式，才能達到上述的目標呢？

第二節　殯葬禮儀師的意義

表面看來，殯葬禮儀師的內涵和服務模式是兩個不相干的問題。

其實，殯葬禮儀師所具有的內涵與服務模式是密切關聯的。如果殯葬禮儀師的內涵不夠完整，那麼殯葬服務的模式自然不夠完整。如果殯葬禮儀師的內涵不夠深刻，那麼殯葬服務的模式自然不夠深刻。如果殯葬禮儀師的內涵缺乏人性的要求，殯葬服務的模式自然就無法提供真正的人性服務。所以，在正式探討殯葬禮儀師應當具有何種服務模式，才能滿足上述生死兩相安的要求之前，我們必須先了解殯葬禮儀師應具有何種內涵，才能導引出上述的服務模式。

就稱呼上來說，殯葬禮儀師這種稱呼的興起與落實，並非一朝一夕就完成的。最初使用這種稱呼的業者，不是傳統的殯葬業者，而是企業化經營的殯葬業者。他們之所以有這樣的想法，一方面固然有生意上的行銷考量，一方面也有改善提升殯葬服務的實質考量。這些從其他行業轉入的業者，藉著模仿美國的殯葬指導師與日本的葬祭指導師的作法，把傳統的土公仔改用殯葬禮儀師來稱呼，目的除了讓人耳目一新外，也希望從此以後給人一個新的服務形象。這種強調服務形象來提升傳統土公仔的作法，讓殯葬業從做功德的行業轉向以服務為主導的行業。

就內涵上來說，殯葬禮儀師並不是一開始就具有今日的內涵，它也是隨著時代對於死亡處理的需求而改變的。最初殯葬禮儀師的內涵主要以殯儀服務人員的內涵為主，內容「主要在安排辦理殯殮事宜。從事之工作包括：(1)安排遺體之接運事宜；(2)協助選擇祭奠日期及殮葬方式；(3)協助印發訃聞；(4)協助選擇棺木及壽衣，安排祭奠儀式及接待人員；(5)協助選擇墓地及火葬者之靈骨箱寄存等事宜；(6)布置靈堂，安排停靈、棺木之位置，布置花飾，調整燈光，懸掛輓聯、輓幛，以及簽名、受禮之位置；(7)選擇抬棺人員，並安排移柩；(8)準備交通工具，護送靈柩」。[1]此外，亦可包括殮葬與遺體化妝的工作在內，殮葬部分為「(1)接運遺體，並送至冷藏庫冷藏；(2)使用殺

菌肥皂及消毒水洗滌遺體；(3)依照各地風俗習慣，為死者穿著衣服及鞋襪等；(4)將遺體送禮堂；(5)大殮時遺體盛入棺內；(6)護送靈柩至墓地或火葬場」，遺體化妝為「(1)施行遺體之臉部化妝，使遺容端莊祥和；(2)用蠟、石膏或其他材料，彌補身體殘缺或毀損部分，並為遺體修整，以恢復其正常外形；(3)縫合割切或損壞部分，並用棉花填塞各孔口，以防止滲漏；(4)施行屍體臉部化妝，男性理髮、修面、刮鬍鬚，女性梳髮髻，以恢復自然神態」。[2]這種內涵的形成，主要因素有二：一為公家與民間對於殯葬事務分工的結果，一為在家與在殯儀館治喪的不同。就前者而言，有關殮葬、遺體化妝和遺體防腐的部分主要是屬於公家的事務，而殯儀的部分才是民間的事務。不過，這種分工也不是沒有例外。例如高雄市殯葬事務的分工就不是這樣，他們將殮葬與遺體化妝的部分劃歸給民間處理。就後者而言，在家治喪的內容就包括了殯儀、殮葬與遺體化妝的部分，在殯儀館治喪則以殯儀部分為主。無論如何，上述內容主要都涵蓋在殮、殯、葬的範圍內。這種處理的內容，表示殯葬禮儀師的任務在於遺體的處理。殯葬禮儀師之所以要把遺體處理當成工作的重心所在，一方面是基於安頓死者的靈魂，讓死者的亡魂不至於危害到生者，一方面則是藉著喪禮的舉行，讓喪家對於社會有個合理的交代。所以，初期的殯葬禮儀師主要任務在於藉著殮、殯、葬的儀式安排與處理過程，安頓死者與喪家。

　　問題是，這樣的殯葬禮儀師內涵在面對死亡的處理上是不夠的。這點和美國的殯葬指導師內涵做對照就清楚可見。就美國的殯葬指導師內涵而言，包括：「(1)照護與處理遺骸：將屍體自死亡處移開；運送屍體進行最後的服務；依需要為屍體執行防腐術；為遺體美容化妝，使其如安眠狀，不致驚嚇到生者。(2)照護及協助生者：為生者介紹殯殮進行的概況；與家屬進行相關的會談，並協助選取棺木；安排安葬；提供告別式場到墓園的交通；監督火化或埋葬過程；協助家

屬處理喪親的失落；(3)輔助性服務：與宗教人士間的協調；訃聞的準備；禮堂的布置、祭品的準備與參加喪禮親友、來賓的招待」。[3]其中，殯葬指導師的內涵大致上和殯葬禮儀師大同小異。唯一較大的不同，就是協助家屬處理喪親的失落這一點。就是這一點的差別，讓台灣的殯葬禮儀師內涵有了戲劇性的變化。換句話說，台灣的殯葬禮儀師也開始注意殯葬服務中悲傷輔導的部分。這就表示整個台灣的死亡處理，從宗教與社會的層面轉向心理層面。透過這種轉變與增加，喪家成為整個死亡處理的核心。

　　不僅如此，在生前契約的刺激下，殯葬禮儀師的內涵又有了進一步的變化。它不但把殮、殯、葬的部分向後延伸至悲傷輔導的部分，還向前延伸至臨終關懷的部分。這一部分的延伸，主要在於讓死者在其死亡前就能決定自己的身後事，完成其自身的殯葬自主權。這種對於死者本身權益的強調，讓台灣的死亡處理又從喪家轉向死者。經由這樣的完整轉換，無論是喪家或死者，他們的心情與尊嚴都有了較為完整的照顧。在這樣的背景下，殯葬禮儀師終於有了較為完整的內涵，就是「(1)殯葬禮儀之規劃與諮詢；(2)殯殮葬會場之規劃與設計；(3)指導喪葬文書之設計與撰寫；(4)指導或擔任出殯奠儀會場司儀；(5)臨終關懷及悲傷輔導；(6)其他經主管機關核定之業務項目」。[4]然而，這並不是說殯葬禮儀師的內涵順序就是從臨終關懷經殮、殯、葬到悲傷輔導。因為，悲傷輔導的作用不是在死亡處理之後才開始的，它應該從面對死亡的臨終就要介入的。同樣，死亡處理不只是殮、殯、葬而已，也應包括祭祀在內。因此，殯葬禮儀師的真正內涵順序應該是從臨終關懷到殮、殯、葬、祭祀，而悲傷輔導則貫穿於五者之間。唯有如此，殯葬禮儀師的服務內涵才能完整涵蓋死者與喪家的人性需求。

✚ 第三節　殯葬禮儀師的現行服務模式

　　根據上述對於殯葬禮儀師內涵的認知，殯葬禮儀師也形成自身的服務模式。相對於傳統土公仔的做功德，殯葬禮儀師重新將自己定位為服務業。既然殯葬禮儀師是服務業的一員，那麼他的相關作為就必須滿足服務業的要求。

　　首先，從資格的部分要求起。就學歷的部分而言，由於過去的土公仔學歷一般都在國中以下，甚至於有的連國小都沒有畢業，雖說傳統殯葬業者的第二代許多都已具有高中以上的學歷，但是具有大專以上學歷的土公仔畢竟屬於少數。因此，在高學歷高素質的思考底下，企業化經營的殯葬業者就要求殯葬禮儀師要有大專以上的學歷，有的甚至還進一步規定身高要一百七十公分以上。例如龍巖集團的殯葬禮儀師就必須同時具備上述兩個條件。此外，就專業訓練的部分而言，過去的土公仔幾乎沒有所謂的專業訓練，有的只是家族經驗的傳承。現在的殯葬禮儀師雖然還是沒有正式教育體制的專業訓練，但是卻有公司本身的專業訓練。這種訓練是由公司一方面聘請一些專家學者進行相關知識的教育，一方面讓公司內部具有實務經驗的資深人員進行經驗傳承與實務訓練。經由這樣的素質要求與專業培養，殯葬禮儀師具有較高的專業素質。

　　其次，從形象的塑造談起。就過去的土公仔而言，他們在外出幫喪家服務時，基本上是任意穿著的，完全沒有考慮到形象塑造的問題。但是，企業化經營的業者就不一樣，他們知道殯葬禮儀師出外為喪家服務是代表公司，因此，他們特別聘請專人設計制服，要求殯葬禮儀師穿著制服為喪家服務，一方面讓喪家感受到殯葬禮儀師的專業

形象，一方面凸顯公司的服務形象。除了穿著打扮外，企業化經營的業者還要求殯葬禮儀師在舉止言談上，要和過去的土公仔不一樣，不但不能在喪家面前嚼檳榔、抽香煙，還不能說三字經以及有不雅的動作。他們在舉止上必須要溫文爾雅，在談吐上必須要親切有氣質。

再次，在產品的行銷上，殯葬禮儀師也與過去的土公仔不一樣。過去的土公仔在產品的行銷上純然是靠一張嘴，用盡各種威脅利誘的說法讓喪家接納，不太顧慮到喪家本身的真實需求。例如為了賺更多的錢，他們會利用人們對於孝道的誤解，慫恿喪家辦理更為盛大的告別式，而不理會這種作法是否會為喪家帶來過重的負擔。現在的殯葬禮儀師在產品的行銷上就不一樣了。他們除了用嘴來說明公司的產品外，還會進一步透過相關產品的目錄，讓喪家了解所用產品的具體內容，甚至於藉由手提電腦將相關產品顯示給喪家做參考。有的公司更要求殯葬禮儀師要將喪家帶至公司的展示場，讓喪家真實感覺到產品的內容。此外，有關產品的價格，他們也不像傳統的土公仔那樣，擔心價格標示清楚就會失去與同行的競爭力，或無法從中獲取更多的利益。他們認為只有價格明確標示，才能贏得喪家的信任。因此，殯葬禮儀師不僅要標明單項產品的價格，還要明確標出整個喪禮所需費用，甚至透過契約的形式讓喪家安心。

最後，從服務本身來看。就服務的方式而言，過去的土公仔採取的是被動的服務型態，他們通常都是在喪家來找時才開始服務。後來雖然也有主動爭取客戶的作為，不過是透過相關權威人士做掮客，在喪家一有人死亡時即刻通報業者，讓土公仔有機會搶先到達做成生意，形成今日所謂搶屍體的問題。至於殯葬禮儀師就不一樣了，他們基本上是採取主動服務的型態。他們一方面透過公司的免費諮詢電話或電腦網路事先獲知客戶的需求，並進一步主動拜訪客戶，提供客戶相關的服務；另一方面藉由過去服務過的客戶的拜訪或生前契約的

推銷機會，讓客戶了解公司的產品及服務，爭取客戶的接納；再一方面藉由擔任醫院或社區志工，以便有機會服務客戶，一旦客戶覺得滿意，在有需要時，就比較容易得到客戶的接納，並且獲得進一步服務的機會。

就服務的內容而言，過去的土公仔服務的內容主要集中在殮、殯、葬上面。他們除了販售殯葬所需相關產品外，還進一步聯絡有關人員對喪禮做安排與分工。[5]整個服務的重心放在喪禮的完成上，並沒有打算對喪家進一步說明為何如此安排。例如他們會跟喪家說死者壽衣要穿什麼、要穿幾層，但是就不會說明為何要穿這樣的壽衣、要穿這麼多層。如果喪家真的要追問，他們一般的答覆是自古以來就如此。這種用古禮來搪塞的作法，正足以顯示傳統土公仔對於喪禮專業知識的不足。現代的殯葬禮儀師情況就有所不同了。他們服務的範圍就不只侷限在殮、殯、葬的範圍，更向前延伸至臨終關懷的部分，也向後延伸至悲傷輔導的部分。對於臨終關懷的部分，禮儀師所做的就是提供法律諮詢、財物處理、社會資源的尋找與喪禮的安排。就法律的諮詢而言，主要提供的是與死亡有關的法律規定和手續的資訊。除了諮詢之外，有的甚至還進一步協助處理相關事宜。就財物處理而言，除了提供預立遺囑的資訊外，也提供要如何分配遺產才能符合法律的要求，要如何分配遺產才能節稅，要如何運用遺產才能有理財的效果，以及如何透過遺產的信託照顧相關的親人等等的建議。就社會資源的尋找部分而言，主要放在經濟資源與社會支持兩部分。就經濟資源的尋找，目的在協助解決喪葬費用的問題與未來生活經濟來源的問題。就社會支持的尋找，目的在協助解決死者親人安置的問題。就喪禮的安排而言，他們會根據喪家的要求，甚至於進一步了解死者的遺願，提供現有社會一般處理喪葬的作法給予喪家做選擇，並告知喪家可依自身的需求加以調整，在整個喪禮的安排確定之後予以協助完

成。除了上述的事後安排外，他們亦會通過生前契約的方式，將幾種不同型態與價格的喪禮安排內容，告知當事人或其親人，由其事先做一選擇與決定。對於殮、殯、葬的部分，殯葬禮儀師的服務與傳統土公仔最大的不同，在於傳統土公仔不會提供知識性的說明，更不用說凸顯喪家的選擇權；而殯葬禮儀師不但要對殮、殯、葬的過程與作法有初步的知識性說明，還要讓喪家了解他們本身具有自主權，可以依照自身的需要對於殮、殯、葬的內容進行選擇與改變。例如上述壽衣的問題，殯葬禮儀師就會對喪家說明壽衣是死者要穿的，只要死者本身喜歡就好了，不一定要按照傳統的方式來穿。就悲傷輔導的部分而言，殯葬禮儀師除了幫忙安排有關做七、做百日、做對年、做三年的事宜外，還會進一步提醒喪家參與的時間，有的甚至還會負責接送。此外，他們也會在協助辦完喪事後，利用做客戶滿意度調查的時候進一步關懷喪家，看喪家還有什麼需要服務的。

✚ 第四節　一些問題的省思

經由上述有關台灣殯葬禮儀師服務模式的說明，我們了解到台灣對於殯葬的服務已經進入現代化的境地。然而，這樣的服務模式並非全台灣一致。因為，過去的傳統業者雖然受到企業化經營的業者的影響，也已經慢慢改變土公仔的作法，轉向殯葬禮儀師的作法，但是受限於專業訓練的差距，整個殯葬禮儀師的服務水準參差不齊。因此，為了拉近傳統業者與企業化經營業者的服務水準，讓整個殯葬禮儀師的服務能夠趨於同樣的水平，台灣於二○○二年七月公布禮儀師的證照要求。[6]

表面看來，這樣的證照要求的確可以讓台灣的殯葬禮儀師具有

較高水準的服務。但是，就加入世貿組織而言，這樣的服務水準就顯得有些不夠了。因為，台灣殯葬禮儀師的服務模式，原先是學習自外國的葬祭指導師和殯葬指導師，所以，整個服務水平不可能高過外國的相關業者。此外，再加上外國業者具有較先進的設備和較有效率的經營方式，甚至於更精緻的服務品質，一旦外國業者真的進入台灣市場，台灣的殯葬禮儀師就很難與之抗衡。因此，我們有必要先反省目前殯葬禮儀師服務上的一些缺失。藉由這樣的反省，一方面認知到我們自己在殯葬服務上的一些缺陷，一方面也可以間接了解外國業者在服務上不足的地方。

按照目前殯葬禮儀師的服務模式來看，已經跳脫過去殮、殯、葬為主的服務模式，而進入臨終關懷、殮、殯、葬、悲傷輔導的服務模式。然而，這種服務模式的範圍雖然已經十分完整，但是在服務的深度以及人性上仍有不足的地方。表面看來，這套服務模式的確滿足了死者殯葬自主權的要求，也滿足了喪家悲傷輔導的要求。但是，深入探究的結果，我們發現情況並非如此。就殯葬自主權而言，重點並不在於凸顯產品的選擇權，而在於凸顯自我的決定權。因為，產品的選擇權只表示當事人對於既有產品能夠行使選擇的權利，並不表示當事人清楚為何他會做如此的選擇。至於自我的決定權，不但表示當事人懂得如何行使自己的選擇權，也知道為何要做這樣的選擇。所以，上述的殯葬自主權並沒有將認知的部分放在服務裡面，讓當事人真正了解自己為何要做這樣的選擇，只是主觀認定這種一般性的服務可以滿足當事人的殯葬自主需求。就悲傷輔導而言，重點似乎也是放在殯葬處理完了之後，而忘記了喪親之痛是出現在親人面對死亡之時。此外，所謂的悲傷輔導不只是處理情感上的問題，也是處理認知上的問題。唯有解決認知上的困擾，情感才能得到真實的安頓。因此，悲傷輔導不能只從做法事、祭祀等層面著手，也要從意義認知的層面加以

轉化。

　　除了上述的缺失之外，我們發現從臨終關懷到殮、殯、葬、悲傷輔導的整個殯葬服務的關懷，重心都是放在法律、社會、宗教等等層面的客觀面上，而忘記了在面對死亡時，死者與喪家的情感與關係調整的主體面。例如在臨終關懷時，我們不去注意臨終者與家屬面對死亡的心理反應與精神需求，而去注意法律諮詢、財物處理、社會資源、喪禮安排等客觀面，結果臨終者與家屬有如社會的產物，一切依據社會規定處理，他們本身內在的需求反而受到了忽略與不尊重。同樣，在殮、殯、葬時，死者與喪家一切按照社會的規矩辦理，至於為何要這樣辦理並沒有清楚完整的認識，甚至於在處理時有了衝突，也沒有得到合適的解說與交代。就拿上述壽衣的例子來說，照理講，殯葬禮儀師要說明清楚喪禮最初為何要設計死者穿壽衣，根本理由何在，而不是只是說依古禮或穿死者喜歡穿的衣服即可。還有在遇到禮俗規定與宗教規定衝突時，殯葬禮儀師不是只是依照禮俗規定或宗教規定片面解決問題，而必須說明清楚此一規定的衝突點出在何處，是否有化解的可能，要如何化解較為適合死者與喪家的需求。例如像佛教規定人死後不可以哭，以免干擾到死者的投胎轉世，但禮俗卻規定人死後一定要哭，否則就是不孝。因此，當喪家在遇到這兩種規定的衝突時，如果殯葬禮儀師沒有主動化解的能力，不是跟著宗教規定走，就是跟著禮俗規定走。無論跟的是哪一邊，最後不是擔心自己不孝，就是擔心干擾死者投胎。所以，一位稱職的殯葬禮儀師應該要了解如何協調這兩者，讓喪家不但不會不孝，還能兼顧死者的投胎轉世。此外，在悲傷輔導時，死者與喪家一樣只是按照社會規定做法事與祭祀，至於做法事與祭祀的意義何在，法事與祭祀應如何做才能達到悲傷輔導的效果，並沒有做進一步的說明與考慮。例如做七的理由何在，是否一定要做七個七，要如何做才能對死者與喪家帶來真正的

安慰等等，都是殯葬禮儀師要提供說明與協助處理的問題。不過，一般的殯葬禮儀師並不擅長這樣的知識處理。

綜合上述的反省可知，目前殯葬禮儀師所做的相關服務處理，基本上都是屬於客觀面的服務處理。對於即將面臨喪親之痛的喪家或臨終者，我們實際上並沒有關懷到他們的心理反應與精神需求。對殯葬禮儀師而言，安慰喪家與臨終者的情感與認知是殯葬禮儀師的主要任務之一。而安慰喪家與臨終者並不是從臨終者死亡之後才開始的，它應該從臨終之際就要介入。否則，整個安慰的效果不易完整達成。所以，為了達成安慰情感與認知的任務，殯葬禮儀師的服務必須從主體面介入。換言之，殯葬禮儀師必須了解臨終的主體需求，才能提供合適的人性服務。

✚ 第五節　殯葬禮儀師的服務新模式

那麼，什麼樣的服務才叫合適的人性服務？就臨終關懷而言，殯葬禮儀師除了上述客觀面的關懷與服務外，還可以對臨終者與家屬進行主體面的關懷與服務。例如對於即將喪親的人，我們如果知道他們認為喪親是來自他們的錯誤，那麼我們就可以針對這點化解他們的問題，讓他們了解親人的死亡不是來自他們錯誤的作為，而是人類不得不有的命運。如果他們堅持這是他們作為的結果，那麼我們可以進一步讓他們了解這樣想法的結果會有什麼後果。對於這樣的後果是他們所要的，還是他們親人所樂見的。透過這樣的反覆辯證，殯葬禮儀師可以協助即將面臨喪親之痛的喪家，較能釋懷的接納親人的死亡，也能因此降低喪親之痛所引起的情緒負荷。這種針對即將面臨喪親者的人性需求解決問題的作法，就是殯葬禮儀師能夠提供的較合適的人性

服務，也是從知識角度所提供的知識性服務。

　　同樣，對於即將臨終的人，如果我們能夠知道他害怕單獨面對死亡的心理需求，那麼我們就能建議他的親人，在他臨終之際，不要讓他一個人單獨面對死亡。不僅如此，我們更可進一步建議，除了讓親人圍繞在他身邊之外，還可進一步不斷透過語言提供不遺棄的承諾，以及握住他的手，甚至用聊天或唱歌的方式，讓臨終者安心的走向死亡的旅途。這也是一種具有知識性且較適合人性的服務方式。

　　至於，有關殮、殯、葬的部分，我們也不能像現在的殯葬禮儀師一樣，只採取行禮如儀的作法，而必須把知識性的部分加進去，讓整個喪葬處理的意義過程，能夠對喪家透明化，使喪家處於理解的境地，並藉由這樣理解的融入，化解喪親所帶來的悲傷情緒。例如封棺時釘子孫釘的儀式，我們除了要讓喪家了解釘子孫釘的規矩與好處外，更要讓喪家了解其真正的意義。當然從表面來看，釘子孫釘的意義就是要傳宗接代，讓整個家族能夠持續興旺，死者可以不間斷地得到祭祀。如果追根究柢來看，釘子孫釘的意義就不只是要求子孫興旺而已，更要求家族精神的傳承，讓死者能夠無愧地回去面見自己的祖先。這時，殯葬禮儀師就可以提醒喪家，了解自己應該如何生活，才能較適切地完成這樣的精神傳承。同時，在精神傳承中與死者一起走向未來。這種將喪禮過程意義加以透徹解說的服務，就是一種知識性的服務，也是一種讓喪家生命覺醒的人性服務。

　　最後，有關悲傷輔導的部分，我們亦不能只像現在禮儀師的作法一樣，從法事或祭祀的安排、通知，甚至接送等形式面著手，而必須從人性需求的實質面加以協助。例如在做法事時，一般都是由法師或道士主導，家屬只是在旁邊配合而已。因此，整個法事進行的結果，對於家屬悲傷情緒的化解，並沒有提供太多的幫助。主要的癥結在於法事不是喪家的法事，而是法師或道士的法事，使得喪家無法透過親

自參與來化解喪親的悲痛。如果在整個法事的進行當中，藉由法師或道士的說明與協助，讓喪家能夠成為法事進行中的主角，那麼喪家可以藉由親自為親人做法事的行為，化解有關喪失親人的傷痛。這種藉由說明與協助的服務作法，就是一種知識性的服務，也是一種化解傷痛的人性服務。

上述有關新的服務模式的說明，雖然沒有辦法做到完整的地步，至少已經指出主要的方向，讓我們了解未來的殯葬禮儀師如果想要突破現在服務模式的限制，那麼他必須捨棄過去那種單純從客觀形式面著手的服務作法，改從兼顧主體實質面提供合乎人性的知識性服務作法。藉由這種作法，在未來面對外國業者的挑戰時，才有抗衡與超越的可能。

✚ 第六節　結論

經過上述的探討，我們可以總結如下：(1)殯葬禮儀師不只是遺體的處理者，他也是死者與喪家情感與關係的輔導者。因此，在殯葬的服務中，他服務的範圍不只是殮、殯、葬的部分，還包括了臨終關懷與悲傷輔導的部分。由於殯葬禮儀師在殯葬服務中居於協助者的身分，所以在環繞死者與喪家為中心的服務下，從臨終關懷、殮、殯、葬到祭祀，悲傷輔導都貫穿其中，目的在於化解死者與喪家的情感與關係的問題。(2)在上述殯葬禮儀師的認知下，現行的殯葬禮儀師其服務範圍雖然要擴及臨終關懷、殮、殯、葬、悲傷輔導等部分，但是有關服務的內容則主要依據社會客觀面的要求來辦理。因為這樣的服務模式才看得見，能夠產生社會經濟效應。所以，除了服務人員素質的提升、服務態度的改善、行銷方式的改變等等外，對於服務內容更是

強調具體有效。例如臨終關懷的部分就要求要做到法律諮詢、財物處理、社會資源的尋找、喪禮的安排；殮、殯、葬的部分就要求要做到儀式處理的圓滿；悲傷輔導的部分就要求要做到法事與祭祀的提醒與接送服務，並透過客戶滿意度的調查表達公司的關懷之意。(3)雖然上述的服務模式相較於以往的土公仔已經算是具有不錯的水準，但是在面對未來外國業者的挑戰，這樣的服務水準就顯得有些不足。何況，就上述殯葬禮儀師的內涵而言，這樣的服務水準也沒有圓滿達成殯葬禮儀師應有的意義。所以，站在死者與喪家人性需求的考量下，我們發現殯葬禮儀師的現行服務模式太過強調社會客觀面需求的滿足，而忽略了人性主體面需求的滿足。因此，為了化解死者與喪家的情感與關係的問題，我們建議殯葬禮儀師的服務必須包括人性的主體面。(4)在人性主體面的關懷下，殯葬禮儀師的服務就不能只是著眼於上述社會客觀面，也不能僅止於精確地行禮如儀或依據現代需求予以簡單說明，而是必須依據人性本身需求提供知識說明的意義服務。在這種服務的模式下，臨終關懷就變成殯葬禮儀師對於臨終者與家屬面對死亡的關懷，藉由這種關懷，讓臨終者與家屬了解過去的面對方式與他們自己可以如何面對；殮、殯、葬與祭祀就變成殯葬禮儀師對於死者與喪家死亡處理過程中的關懷，讓死者與喪家認知到喪禮本身的意義及其與他們本身的人性關聯；悲傷輔導就變成殯葬禮儀師對於臨終者、死者與喪家從臨終到死後的整體關懷，讓臨終者、死者與喪家經由這種意義認知的服務，化解死亡所帶來的情感與關係調整的問題。唯有透過這種人性化的意義服務模式，殯葬業所標榜的生死兩相安境界才有達成的可能。

註 解

1 黃有志編著，《殯葬改革概論》（高雄：貴族，2002），頁192－193。

2 同註1，頁192。

3 李慧仁撰，《殯葬業應用ISO9000品質保證制度之個案研究》（嘉義：南華，2000），頁32。

4 黃有志主持，《殯葬業證照制度可行性之研究》（台北：內政部，2001），頁47。

5 同註3，頁31。「第一、程序方面：(1)接運遺體，並對遺體做適當的處理，如冷藏、防腐等；(2)與家屬商定葬禮的儀式及埋葬方式；(3)擇日；(4)預定靈堂；(5)發引（出殯）。第二、代辦（購）事項：(1)各種手續的辦理，如埋（火）葬許可證的申請，殯儀館的使用申請等；(2)各種壽品的代售：棺木、骨灰罐、麻衣、孝棒等。舉凡死者所需的物品，皆可在葬儀社購得；(3)花車、樂隊、扛夫、和尚、道士、五子哭墓等等的聘請；(4)代購葬禮中的一切必需品：從水被、庫錢等至供菜、供酒、衛生紙、簽字筆、謝卡、香煙、毛巾，其項目涵蓋葬禮中所需的大小物品；(5)其他如訃聞的印製、禮堂的布置等等。」

6 根據新公布的「殯葬管理條例」，雖然要求未來的經營業者需要聘用有證照的殯葬禮儀師，甚至還規定沒有證照的業者不可使用殯葬禮儀師的名義執行業務，但是這種要求是以「一定規模」的業者為對象的，而不是普及於所有業者。

第二章　從殯葬處理看現代人的臨終關懷

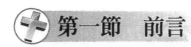

✚ 第一節　前言

　　過去的殯葬處理原則上是以遺體處理為中心，因此重點放在殮、殯、葬的部分。問題是，為什麼過去的殯葬處理要以殮、殯、葬為重點呢？其實，主要並不是傳統殯葬業者在處理殯葬問題時故意自我設限，而是人們對於死亡禁忌在意的結果。對於一般人而言，當家人在面臨死亡的威脅時，基本上會希望家人能夠擺脫死亡的威脅，重新獲得生命的新機，而不願意家人淪陷於死亡的境地當中。因此，當死亡來臨時，為了避免死亡成為真實，這時對於與死亡相關的話語、行為與行業均採取迴避的策略，認為只要這樣處理，起碼死亡降臨的機率或許可以少了許多。所以，身為死亡處理之一的傳統殯葬業者很難利用此一機會進入家庭之中。在這種情況下，傳統殯葬業者當然只有採取被動的作法，等候當事人死亡之後，再由喪家通知進入家庭當中。這時候的進入，對於家庭成員而言，傳統殯葬業者就不再是死亡的代表，而是幫助家裡解決死亡問題的貴人，透過他們的協助，可以把死亡所帶來的凶事轉化為殯葬處理後的吉事，讓死亡不再影響家庭中的其他成員。

　　問題是，這種在死亡來臨時才想到要找傳統殯葬業者的作法，是否真正解決了家中的死亡問題呢？其實，事情並沒有表面看的那麼單純。因為，在死亡來臨時才想到找傳統殯葬業者的作法，實際上是有問題的。例如，當死亡來臨時，由於之前忙著維持當事人的生命，因此對於死亡來臨時該有什麼樣的準備與作為完全沒有概念。一旦死亡突然降臨，只好全權委託傳統殯葬業者處理。這時傳統殯葬業者無論怎麼說，原則上喪家是很難有意見的。因為，一方面喪家對於殯葬

處理原先就沒有什麼概念，也沒有受過相關的知識教育；另一方面喪家在遇到親人死亡的事件時，人因著情感的失落與死亡相關事務的牽絆，已經陷入六神無主的地步。然而，這種恍惚的狀態通常在喪事辦完之後就會突然清醒。在理智清明的情況下，就會開始抱怨傳統殯葬業者的服務內容有點趁火打劫的意味，能加就儘量加，不管喪家是否真的有這樣的需要，服務品質沒有原先說的那樣好，能夠蒙混過關就儘量蒙混，價格部分更是超出自己的想像，完全不是原先說的，也不是喪家事先的預期。這種事到臨頭的作法極易產生非常大的落差。除非我們原先的運氣很好，能夠找到很有職業道德的傳統殯葬業者，否則難逃後悔的命運。畢竟，目前社會中的傳統殯葬業者大多數都心存賺死人錢容易，不賺白不賺的想法。同時，由於平日傳統殯葬業者不受社會的重視，甚至於受到不當的歧視，因此這種環境更加促成他們利用此一死亡機會討回公道的想法。[1]

　　此外，面對殯葬處理衍生的更大問題是，當事人的意願是否受到尊重與落實。一般而言，由於我們並沒有預立遺囑的習慣，再加上忌諱談論死亡，一旦死亡來臨，家屬無法在混亂的心情當中，完整整理出當事人對於自己殯葬處理的想法與期望，等到殯葬處理完畢心情較為冷靜時，才突然想到可能有什麼地方是有問題的，什麼地方可以做好一點，什麼地方要怎麼做才比較符合當事人的需要。這個時候就會開始後悔，甚至於覺得歉疚。可是，這時的後悔與歉疚都於事無補了。因為，對於家人而言，同一個人的殯葬處理原則上只能辦一次，不能因為沒有辦好就重新補辦一次。如果這樣做，一般人認為會對家人再帶來一次死亡的衝擊，也會讓當事人死第二次。所以，為了避免上述的問題發生，殯葬處理不能只停留在殮、殯、葬的遺體處理部分，而必須向前延伸至臨終關懷才可以。或許這樣的殯葬處理的改變，才有可能化解上述死亡後才予以處理所產生的問題。

✚ 第二節　殯葬處理與臨終關懷

　　那麼，我們為什麼會有將殯葬處理往前延伸至臨終關懷的想法呢？這種想法最初是來自於當代安寧療護的啓發。根據安寧療護的想法，對於癌症病人的照顧，不是只照顧他的生理病痛就夠了，還要照顧他其他層面的需要。因為，人是完整的，雖然住在醫院的用意是在治療疾病，但是疾病的治療只是人所需照顧的一面，並不是人的全部。而且單純的疾病治療，對於一般的疾病病患或許已經足夠，然而對於面對生死問題的癌症患者而言，這種生理的照顧就顯得非常不夠。對癌症患者而言，生理疾病的治療已經不是重點。就算我們想要從中透過治療的手段達成治癒的效果，其實也是不容易的。在這種情形下，我們發現在面對死亡問題時，癌症患者的照顧需求已經遠遠超出生理的層面。因此，安寧療護才特別從生理層面的照顧擴充到人的其他層面。藉由這種擴充，我們發現人的心理、社會與靈性等層面也是需要照顧的。實際上，對於一個即將面臨死亡的人而言，生理層面已經不是他最在意的部分了。即使他還想在意，他也無力對抗死亡的來臨。所以，此時心理、社會與靈性的層面反而成為他的需求焦點。因為，只有這些層面的照顧可以協助他面對死亡所帶來的問題。唯有如此，他在面對死亡時才不會出現太多困擾。

　　那麼，這些心理、社會與靈性層面的照顧是如何協助癌症患者渡過死亡的難關？就心理層面而言，癌症患者在面對死亡時，會有一些心理問題需要化解。例如，如何化解因為死亡所帶來的恐懼；如何在家人的關懷中避免產生被遺棄的感覺；如何在家人的協助下完成自己未了的心願。就社會層面而言，癌症患者在面對死亡時，一樣會有一

些社會問題需要化解。例如，如何化解與社會隔絕所產生的生命無價值感；如何安頓自己親人的生活及未來；如何分配遺產與交代自己的遺物；如何安排自己的喪禮。就靈性層面而言，癌症患者在面對死亡時，會有一些靈性問題需要化解。例如，藉由生命的回顧，對於自己的一生應如何給予評價；對於自己與人間的關係應如何定位與化解；對於死後的生命應抱持何種態度；自己希望自己的死後歸宿為何，應如何達成。以上這些都是安寧療護在照顧當中希望協助癌症病患予以化解的問題。[2]

　　在協助的過程中，我們發現這樣的協助不可能是在癌症患者死亡之後才進行。如果它真的要產生即時的效果，那麼它必須在癌症患者死亡之前提供。因為，只有這樣，才能對癌症患者產生實質的助益，否則，上述的協助必然會流於無效。因此，要在癌症患者生前就提供這樣的協助，我們就必須承認病人對於自己的未來具有自主的權利，甚至於包括面對自己死亡與安排自己死亡的死亡自主權。雖然病患的自主權應當受到我們的尊重，但是病患本身是否真的了解自己對於疾病，甚至於死亡都擁有自主權，其實並不清楚。特別是，對於這一方面的問題，不但我們的教育沒有提供相關的知識，我們的文化也沒有給予相關的訊息。所以，提供這一方面相關知識與訊息的協助，對於臨終病患就變得非常重要。在安寧療護上，這一種知識的提供與協助就稱為臨終關懷。[3]透過這種臨終關懷模式的啟發，殯葬業也將這樣的模式吸納到殯葬處理當中，認為這樣的吸納有助於殯葬處理服務品質的提升。

　　不過，這種從安寧療護當中所獲得的臨終關懷靈感，並不表示傳統殯葬禮俗就忽略了臨終關懷這一環。其實，在傳統的殯葬禮俗當中早就有臨終關懷的部分，只是過去這一部分在死亡禁忌的強調中被忽略了。今日在安寧療護的影響下，這一部分重新得到重視。原來在殯

葬處理中，遺體處理不是全部，只是整個人面對死亡處理的一部分。對於傳統的殯葬禮俗而言，人在活著的正常情況下是不會處理死亡問題的。唯有當死亡即將降臨，社會有關死亡處理的機制才會啟動。這種處理方式是從生到死的處理，而不是只是死後遺體的處理。因為，如果殯葬禮俗處理的只是死後遺體的問題，那麼關於死亡對當事人及家屬所帶來的衝擊問題勢必無法解決。實際上，死亡所產生的問題是從生前的臨終一直延續到死後。所以，為了讓死亡的降臨不至於衝擊到家庭與社會秩序的安定，傳統殯葬禮俗是把臨終關懷的部分當成殯葬處理的一環。

這種把臨終關懷納入殯葬禮俗的作法，確實化解了不少死亡所帶來的問題與困擾。例如，傳統的社會忌諱談論死亡，但是人到了一個年紀還是需要面對死亡，因此就有老年人在做六十大壽的時候，由子女為其準備壽衣、壽棺的作法，一方面經由這種社會機制提醒老人家死亡將至的事實，一方面藉由這些行為祝福老人家長命百歲。透過這樣的間接暗示，人們就會開始慢慢接納死亡，為自己的死亡做準備。如此，一旦死亡真的來臨，不僅老人家本身已經有了準備，家人也一樣有了準備。[4]這時，無論在經濟層面、社會層面，還是心理層面，都能夠比較從容的化解死亡所帶來的問題與困擾。

又如，人在臨終時，殯葬禮俗中會有所謂搬鋪或拼廳的習俗。經由這個過程，家人會在當事人行將進入死亡境地之前，將當事人從寢室移鋪到正廳的水床上或地板上。藉著這樣的作法，可以完整交代個人的社會責任：(1)讓當事人知道死亡即將到來，個人要有接受死亡的心理準備；(2)在確認自己死期將至的情況下，當事人要在家人的圍繞下開始交代家族主權傳承的問題，一方面讓祖先知道家族的傳承沒有問題，可以放心的讓當事人回去，另一方面使得家人在自己離開之後依舊有個領導者，得以帶領家人繼續傳承下去，甚至於光宗耀祖，對

後世子孫有所交代；(3)除了交代主權的傳承之外，還要把家族的精神傳承下去，也就是有關家訓與家規的傳承，讓整個家族的特色得以繼續綿延不絕，表示自己已經盡了自己該承擔的傳承責任；(4)藉著家族家訓與家規的交代，當事人也會利用這個機會交代自己對於家人的期許，讓家人了解自己應如何做，才不至於對不起自己的父母；(5)在交代了精神層面的事情之外，當事人還必須對自己的財物做交代，讓家人能夠滿意於自己對於財物的分配，不至於在自己死後還發生財物分配不均的糾紛；(6)最後，還要對自己的身後事做交代，告訴家人自己對於殯葬處理的一些要求。例如，要用什麼宗教儀式，要舉辦多大規模的喪禮，要用什麼方式處理自己的遺體，要葬在何處等等的問題。

此外，對於家人而言，也可以利用這個最後見面的機會，一方面確認自己親人行將離去的事實，做好面對親人死亡的準備；再方面表達自己的孝心，告訴親人自己會好好的傳承下去，讓親人能夠安心的離去；三方面可以開始做殯葬處理的準備，避免屆時親人死後手忙腳亂，造成殯葬處理不盡符合人意的遺憾。所以，通過了上述傳統殯葬禮儀社會機制的安排，死亡問題的處理就從生理層面擴充到心理層面、社會層面與靈性層面。[5]透過這樣的擴充，死亡就不再是單純的遺體處理問題，而是有關當事人與家屬的全人照顧問題。

那麼，為什麼這種原先的全人照顧設計現在會演變成單純的遺體處理呢？主要原因何在？其實，這種轉變的最大原因來自於社會的變遷。由於家庭結構的改變，使得原先屬於家族中的殯葬處理，無法再繼續由家族中的人來擔任，結果只好將此一任務委託家族之外的專業人員來負責。問題是，根據傳統的說法，生死大事是唯有家族中的親人才有資格承擔的，外人是不適合介入的。因為，養生送死是為人子女應盡的孝道，所以，這種盡孝的事情當然不太適合由外人來替代。但是由於家族結構的崩潰，家人也無法從長輩的殯葬處理中學得遺體

處理的專業知識，因此關於遺體處理的部分，只好交由專業的外人來處理，至於送終的臨終關懷部分則不需太多專業知識，重點在於家人的參與及孝心的表達，不太適合交給外人來辦。所以，在這種「送終是家人的事、協助處理遺體可以是外人的事」的分工情況下，殯葬處理變成遺體處理，而不再是全人照顧的問題。難怪臨終關懷會從殯葬處理中被排除在外了！

然而，這種將臨終關懷與殯葬處理切割開的結果，不但沒有讓整個殯葬處理所要解決的死亡問題獲得解決，反而因為這樣的切割，使得殯葬處理成為斷頭處理，無法真正照顧到整個殯葬處理的完整性，更不用說對當事人及家屬的人性照顧了。因此，如果我們希望未來的殯葬處理可以真正為我們解決死亡所帶來的問題與困擾，那麼我們就必須把臨終關懷的部分重新納入殯葬處理當中，恢復殯葬處理的有機完整性。換句話說，我們就不能再以死亡禁忌作為藉口，也不能再以親人才能送終作為藉口，將臨終關懷的部分排除在殯葬處理之外。因為，既然遺體處理的部分會因著專業的需要，委託外人協助處理，那麼臨終關懷的部分不是一樣也因著專業的需要，可以委託外人協助處理嗎？所以站在專業的需求角度，再加上當事人與家屬對於生死兩相安的要求，殯葬業者實在有必要重新把臨終關懷的部分納入到殯葬處理當中。

✚ 第三節　現代殯葬處理中的臨終關懷

對於現代化的殯葬業者而言，把臨終關懷納入殯葬處理是一項可行的服務行銷作法。因為，如果按照傳統殯葬業者的作法，殯葬業所能提供的服務僅止於殮、殯、葬的遺體處理部分。因此，在對喪家

提供服務時，這種服務只能從現場的服務中見到，無法在現場之外事先提供服務。如此一來，整個殯葬服務就無法產生事前行銷的效果，只能在整個服務完成後，從事後的口碑中產生事後行銷的效果。問題是，這種事後行銷的效果十分有限，雖然可以滿足於傳統的殯葬業者，卻無法滿足於現代化的殯葬業者。因為，對於現代化的殯葬業者而言，這種行銷方式所能提供的客源量太小，也過於被動。實際上，這種行銷方式只適用於傳統的殯葬業者。他們由於經營的規模一般都不太大，所以提供現場的服務就足以維持他們的生存，無須主動改變本身的行銷方式。但是，對於現代化企業經營的殯葬業者而言，如果他們止於這種行銷方式，那麼他們不但無法擴大市場的佔有率，也無法維持公司本身的正常運作。因此，為了讓公司本身的經營能夠順利，現代化的殯葬業者當然要考慮如何從現有的事後行銷轉化到事前行銷。[6]

然而，這種行銷的轉變不只是一個口號或是理念，它必須是具體可行，而且能夠滿足消費者的需要。就這樣，臨終關懷的某些作法就被吸納到殯葬處理當中，成為殯葬服務的一環。因為，對現代化的殯葬業者而言，他們觀察到一般喪家在殯葬處理過程中，常常會遇到與臨終關懷有關的問題，例如遺產處理的問題、稅務方面的問題、相關死亡法律的問題、喪禮安排的問題。這些問題，對他們而言，都是可行又不會增加太多原有負擔及成本的作為。因此，他們願意採用這些服務作為公司行銷的延伸。對於這樣的服務，現代化的殯葬業者有的就直接用臨終關懷的說法，有的則改稱為臨終諮詢。無論是臨終關懷的說法或是臨終諮詢的稱呼，目的都在於提供更前端的服務，讓整個殯葬處理的服務能夠更加有吸引力，較完整地滿足喪家的需求。

以下，我們將進一步了解目前國內現代化的殯葬業者提供的臨終關懷或臨終諮詢的內容。就目前國內的現代化殯葬業者而言，他們大

致採取臨終諮詢的說法，如金寶山、龍巖等等殯葬公司。少數則採取臨終關懷的說法，如寶山等等殯葬公司。

就採取臨終諮詢說法的公司，他們的服務內容主要包含下述幾個項目：(1)專業財稅與法律人員遺產稅務諮詢服務；(2)二十四小時全年無休之臨終禮儀諮詢服務；(3)臨終時相關證件輔導辦理；(4)提供完整的追思喪禮服務流程說明與公司會員權益說明；(5)公司之各項周邊服務介紹說明與完善客戶資訊系統。[7]

就第一個服務項目來說，重點放在財物的處理上。按照一般人的經驗，通常在面對死亡問題時，遺產或遺物的處理常常會是一個較易引起爭端與困擾的問題。它之所以會引起爭端與困擾，主要在於當事人與家屬對於相關的法律規定不了解，也不太清楚怎樣的分配方式對於家人會較合理與公平，更不清楚怎樣的處理方式對家人最為有利。因此，對於財物的處理如果可以提供相關的協助，使當事人與家屬不用因著財物處理的不當而產生情感與關係上的困擾，那麼這樣的臨終諮詢服務不僅具有實質上的作用，還可以增強公司的競爭力。

就第二個服務項目而言，重點放在禮儀的諮詢上。根據一般人的經驗，由於平常沒有太多的機會可以接觸到殯葬禮儀方面的資訊，再加上過去所受的教育又沒有提供相關的知識，因此在面對親人即將死亡的事實，家屬根本不知道要如何處理親人的殯葬事宜。此時，如果要家屬自己決定親人的喪事要怎麼辦，那麼他們會考慮怎麼辦才能符合社會的需要。唯有如此，才能避免社會的批評與事後產生的遺憾。但是，有關這一方面的資訊，又沒有相關的地方可以完整提供。[8]所以殯葬公司可以藉著這樣資訊的提供，一方面服務家屬，讓家屬安心，知道殯葬禮儀是怎麼一回事；一方面透過這樣的臨終諮詢服務，讓家屬對殯葬公司產生信心，增強公司的競爭力。

就第三個服務項目而言，重點放在死亡相關證件的辦理協助上。

對於一般人而言，有關人死亡後究竟需要辦理哪些相關證件其實並不清楚。倘若這些證件沒有牽扯到利益問題，那麼事情都還好辦，頂多只是讓家屬覺得心煩而已。倘若這些證件牽扯到利益問題，那麼就不只是心煩而已，還會造成實質上的損失。因此，殯葬公司就看到了死亡所帶來的複雜性，藉著證件辦理的協助，一方面讓家屬事先心裡有個數，知道有關死亡所需的證件有人可以提供協助，不用擔心；一方面可以利用這樣的服務增強公司的競爭力。

就第四個服務項目而言，重點放在整個禮儀服務作業流程與會員相關權益的說明。關於禮儀服務作業流程說明的部分，目的在於一方面讓家屬安心，知道有關喪禮的整個過程，殯葬公司會提供怎樣的禮儀服務，相關的內容為何；一方面讓家屬清楚，在整個喪禮的處理過程中，家屬應該做怎樣的配合。至於會員相關權益的說明，主要則是針對生前契約的購買者。由於這些會員事前購買了生前契約，因此殯葬公司為了強調公司對於會員的服務，特別將會員有關的權益部分做一完整的說明，讓會員感受到公司對於他們的關懷。上述這些相關的說明，對於殯葬公司都有增強競爭力的作用。

就第五個服務項目而言，重點放在公司服務項目與內容的說明，目的在讓家屬對殯葬公司產生信心，表示公司真的可以提供它所承諾的服務與品質。

就採取臨終關懷說法的公司，他們的服務內容如下：[9](1)提供禮儀諮詢；(2)討論治喪計劃；(3)蒐集生平資料；(4)挑選往生安奉場所。從上述服務項目來看，這些服務重點都放在喪禮的相關處理上，凸顯了兩個重點：一個是與家屬協商，表示他們對家屬的尊重；一個是蒐集當事人生平資料，以備當事人死亡後製作追思紀念專輯之用。

此外，他們還區分出在醫院和在家裡的不同臨終關懷，來表達進一步的服務項目。就前者來看，主要內容包括：(1)撥通接體專線；

(2)陪伴在臨終者身旁安慰或念佛；(3)告訴臨終者病都好了！準備出院回家了；(4)申請診斷書一份；(5)申請死亡證明書十份；(6)辦理出院手續；(7)留意身邊貴重物品；(8)通知留守家中的親人；(9)確定遺體要運回家還是到殯儀館；(10)保持電話線路暢通。從上述內容可知，這些項目重點放在提醒上，並沒有特別不同於上述臨終諮詢說法的公司。其中，只有兩點較為不同：一點在於告訴家人要陪伴在臨終者身邊安慰臨終者，對於有佛教信仰的臨終者則應予以臨終助念；另一點則是提醒家人要告訴臨終者已經沒有病痛，準備出院回家了。這兩點都是屬於臨終者靈性部分的關懷。

就後者而言，主要內容包括：(1)撥通接體專線；(2)播放宗教音樂帶或念佛；(3)調整室內燈光與溫度；(4)調整床褥讓臨終者感到舒適；(5)注意臨終者的服裝儀容；(6)通知尚未返家的親人；(7)整理出停放遺體的空間；(8)保持電話線路暢通。從上述內容可知，這些項目主要在於提醒家人要注意臨終者所處環境的調整、生理的需求、社會的需求與靈性的需求。不過，這些需求的滿足只是所有需求的一小部分。簡單的說，就是藉由臨終關懷讓臨終者有淺嘗臨終關懷的機會。

✚ 第四節　對上述臨終關懷的省思

經由上述的說明，我們初步了解現代化的殯葬業者對於臨終關懷提供何種項目的服務。現在，我們要反省的問題是，這樣的一種臨終關懷方式是否真的可以滿足臨終者與家屬的需求，是否真的可以讓臨終者與家屬生死兩相安，還是說這樣的服務項目與深度是不夠的，需要進一步的加強？

以下，我們先行反省目前現代化的殯葬業者在從事臨終關懷（諮

詢）時做到了什麼。根據上述的說明，我們發現現代化殯葬業者在從事臨終關懷的服務時，一般而言都很強調財物處理的部分。因為，就他們的觀察而言，一般在辦理喪事時，財物的處理常常會有問題。這是由於一般人平常對於與財物有關的死亡相關法律規定不是很清楚，所以一旦死亡情事發生，就不知道如何合法的處理這些財物。如果殯葬公司可以提供這一方面的法律諮詢與協助處理的服務，那麼自然可以滿足當事人與家屬的需求，讓他們不用在面對死亡的時刻，還要操心財物方面處理的問題。

除了上述有關財物部分的臨終關懷服務外，他們認為證件相關規定與手續辦理也很重要。因為，對一般人而言，雖然他們都知道人終究會有一死，但是死亡之後還要辦理那麼多的法律證件，他們其實一點也不清楚。這時，殯葬公司適時的提供這種服務，的確可以讓他們安心的面對親人的死亡，而不用煩惱這些證件辦理的問題。

此外，有關喪禮的諮詢與安排，對於一般人而言更是有需要。因為，對他們而言，喪禮的安排是一件至關重要的事。如果沒有安排好，不但會讓亡者覺得走得不好，也會讓生者覺得送得不好。如此一來，在雙方都覺得遺憾的情況下，對於家庭情感可能會造成一輩子都無法彌補的傷害。所以，殯葬公司才會透過禮儀諮詢、協商與安排，甚至是套裝的生前契約，讓當事人或家屬事先就了解死亡後的喪禮安排內容，可以得到何種程度的服務與品質，讓當事人與家屬可以安心的把喪事交給殯葬公司來處理，而不用擔心喪禮會辦得不好。

最後，他們還提供生理、心理與靈性層面的服務。例如，讓臨終者有個舒適的環境與對待，安慰臨終者的作法，還有讓臨終者意識到疾病的終了，幫臨終者做臨終助念。這些服務都是屬於臨終者個人服務的部分，一般而言，前者屬於護理界提供的服務，後三者則屬於宗教界提供的服務。然而，這種服務放在殯葬服務當中也很合適。因

為，這種服務對於臨終者而言是很重要的。畢竟人在臨終時，很需要有一個合適的環境與生理對待，也很需要家人的陪伴，並需要對於疾病的意義問題做一了斷，更需要讓生命有一死後的歸宿。所以，這一方面的臨終關懷是滿適合當事人與家屬的需求，也確實具有某種程度的悲傷輔導效果。[10]

　　但是，上述有關臨終關懷的作法是否真的就可以讓當事人與家屬生死兩相安呢？其實，嚴格來說是有其潛在問題的。因為，上述的殯葬公司在提供臨終關懷的服務時，固然已經涵蓋了社會層面與個人層面，可是這樣的涵蓋在範圍與深度上似乎都嫌不足。

　　就社會層面而言，財物的處理的確十分重要，死亡相關證件的辦理也滿實際的，喪禮的安排更是關係到生者與死者的社會評價問題。因此，與此有關的服務的確有其必要性。可是，在此之外，是否還有其他需要協助服務的部分呢？今以協助當事人安頓家人的生活與經濟為例，說明殯葬公司考慮的情形。對當事人而言，上述的服務協助其實都有其自身的價值。但是，要表示出殯葬公司在臨終關懷部分服務用心的地方，只有這樣還不夠。它還需要關懷到當事人的家人。如果上述的服務都做得不錯，但是卻遺漏了他的家人，那麼這時當事人是否能夠安然而逝，恐怕是個很大的問題。因為，當事人會發現自己的親人沒有得到真實的安頓，安頓的只是相關的事與物。所以，殯葬公司如果真的要落實有關臨終關懷的服務，那麼他們必須真的關懷到人的部分，而不是只關懷到事與物的部分。雖然這樣的服務不是很容易，它還牽涉到禮儀師投入時間的多寡，與相關社會資源單位關係是否密切，以及是否可以增加公司獲利的問題。但是，一旦殯葬公司要以生死兩相安作為理想號召，那麼它們就必須往這樣的協助服務方向走。否則，這一類的說法就會失去服務的實質意義。

　　此外，就個人層面而言，殯葬公司所做的臨終關懷服務就更少

了。其中，雖然有提到喪禮安排的問題，可是這樣的安排實際上並沒有凸顯當事人自身的需要，只是根據社會現有的殯葬禮儀做一下細部的改變而已。這樣的安排失去了殯葬自主的意義，也無法真正解決尊重當事人有關自己身後事意願的問題。如此一來，當事人在自己死亡後，還是無法在喪禮的安排上得到心安。[11] 除了上述喪禮安排的問題外，更重要的是對臨終者本人需求的關懷與服務。從上述提供的服務看來，原則上他們提供的服務都不夠。其中，他們所提供的服務重點在於提醒與安慰。例如，陪伴病人、安慰病人、臨終助念、告訴病人病好了等等。問題是，這樣的提醒與安慰只是一句話、一個動作而已。究竟在說這句話與做這個動作時，我們應該抱持何種方式的理解，用什麼樣的內容來落實這一句話或這一個動作的意義，其實是滿重要的。如果禮儀師本身沒有這一方面的了解與訓練，也沒有能力告訴家人要怎麼做才會比較恰當，那麼當事人與家屬怎麼會相信禮儀師與殯葬公司的說法呢？在無法相信的情況下，這樣的說法就無法達成意義治療的效果。所以，只有口號與理念是不夠的，殯葬公司如果真的目的在於讓當事人與家屬都能夠生死兩相安的話，那麼他們就必須確實落實這些服務的意義內容與作法，使當事人與家屬知道經由何種理解與管道，生死才能真正兩相安。

✚ 第五節 臨終關懷應有的服務

在上述的省思下，我們知道目前現代化殯葬公司經由殯葬處理所做的臨終關懷服務是不足的。倘若我們真的想要達到當事人與家屬生死兩相安的目的，那麼在殯葬處理中的臨終關懷服務，至少就要做到以下幾點：

一、社會經濟面

關於這一方面，我們可以分從幾點來談：

1. **保險面**：由於現代人一般都是靠薪水過日子，所以未必會有多餘的儲蓄。一旦遇到死亡的事情，除了喪葬費用要花錢外，未來家庭的生活費用也要花錢。此時，在收入減少、支出加大的情況下，家中的經濟可能較易陷入困境。因此，爲了避免這樣的情事發生，殯葬公司在進行臨終關懷的服務時，就可以對當事人與家屬進行相關的建議，並對這樣的建議提供具體可行的方案，讓當事人與家屬參考。

2. **遺產面**：由於平時一般人都沒有正確的死亡準備意識，因此沒有預立遺囑的習慣，對於自己的財產和遺物也沒有清楚的口頭交代或文字交代。一旦發生變故，家人未必清楚當事人處理財產和遺物的意願與方式，難免會產生不必要的異議與爭端。爲了避免當事人死亡後，家人因爲財物的糾紛造成彼此不必要的遺憾，殯葬公司的臨終關懷服務可以建議當事人，事先依據法律規定訂定自己的遺囑，並進一步對家人做明確的交代，這樣自然可以將問題的困擾降到最低。

3. **社會關係面**：由於一般人平常可能沒有對家人交代自己社會關係的習慣，甚至於更沒有讓家人參與自己社會關係的作爲，因此一旦遭遇變故，家人就無法處理當事人的人際關係。屆時不但無法讓這個網絡成爲自己家人的助力，反而招致朋友的埋怨。所以，殯葬公司在做臨終關懷的服務時，就可以建議當事人與家屬，對於這些人際關係應當如何對待與處理較爲恰當，一方面讓亡者不至於有對不起朋友的遺憾，一方面讓亡者生前

建立的人際網絡可以澤被子孫。

4. **社會救助面**：由於一般人都是靠薪水過日子，倘若家中主要的經濟提供者突然遭遇變故，家庭經濟可能立刻遭受衝擊，家人生活可能出現危機。這時殯葬公司可以提供的臨終關懷服務，就是在事前告訴當事人與家屬，如果有一天遇到上述的情形，殯葬公司可以提供什麼樣的協助，讓當事人與家屬不至於產生後顧之憂。

二、生理醫療面

關於這一方面，我們也可以分幾部分來談：

1. **生理面**：一般人平時對於自己的生理感受未必會有強烈的自覺，也沒有和家人主動溝通的習慣，結果在遇到重大疾病時，由於平時就沒有讓家人主動了解自己的需求與感受，造成彼此在照顧上的困擾。因此，為了讓當事人與家人能夠順利溝通起見，殯葬公司在臨終關懷服務上，可以建議當事人與家屬臨終照顧要怎麼做會比較好。

2. **安寧療護面**：現代人因癌症死亡的人數高達總死亡人數的四分之一，但是並不代表每一個人都知道自己在遭遇類似疾病侵襲時，在醫療方面可以有什麼樣的選擇。如果殯葬公司在此可以提供這樣的臨終關懷服務，讓罹患重症的當事人與家屬知道可以有什麼樣的醫療選擇，那麼到時候他們就可以擁有比較有品質的臨終。例如病人處在癌末時要不要住進安寧病房，將來處在無意識時要不要撤除維生儀器。

3. **急救面**：一般人由於不太了解急救的情況，又受限於不救就是不孝的想法影響，讓臨終者備受折磨。根本沒有想到這種急救

的結果會不會對親人帶來更大的痛苦，以至於形成更不孝的下場。如果殯葬公司在做臨終關懷的服務時，事先就讓當事人與家屬對於臨終急救有個概念，那麼當事人與家屬便能就急救問題達成共識，並決定是否要簽下放棄急救的同意書。這樣，至少當事人與家屬在面對死亡時，可以不要因為急救問題造成彼此的困擾。

4.**器官捐贈面**：過去一般人在面對死亡時都有全屍與入土為安的考量，因此認為捐贈器官或大體捐贈是一種不孝的行為。現在觀念慢慢改變了，有人認為這種捐贈行為反而是一種回饋社會的行為，可以光耀自己的祖先，讓自己的親人在道德人格上可以完整與安頓。這也是一種實踐全屍與入土為安的作法。所以，在此殯葬公司可以在臨終關懷的服務時提供這樣的選擇，讓當事人與家屬決定，自己要如何認定自己遺體的意義與如何處理自己的遺體，並決定要不要簽下捐贈的同意書。

三、心理意願面

關於這一方面，我們亦可以分幾點來談：

1.**心理面**：一般人都沒有主動表達自己心理需求和反應的習慣，因此家屬未必清楚要如何協助和照顧當事人，才能讓當事人滿意。所以，殯葬公司在臨終關懷的服務時，應主動提供告知的服務，讓當事人與家屬知道用何種方式處理才能圓滿地照顧。例如提醒當事人在自己需要獨處時，就要讓家人了解並尋求配合，同時也要提醒家人，這時應以當事人的需求為主予以尊重配合，這樣才不會因為誤解而對雙方造成傷害。

2.**意願面**：一般人平常都不太有交代遺願的習慣，也不太會表達

自己對未竟事情的看法。殯葬公司在提供臨終關懷的服務時，可以提醒當事人與家屬要如何做，才能清楚當事人的遺願與對未竟事情的看法，家屬在此可以做什麼樣的配合，才不會讓彼此覺得遺憾與困擾。例如提醒當事人要清楚自己有什麼未了的心願，是否需要家人幫忙完成，還是必須自己完成？同時提醒家人應如何主動了解當事人的心願，表示關懷之意，並進一步設法協助完成心願，或幫忙解消不可能達成的心願所帶來的困擾與遺憾。

四、靈性面

關於這一方面，我們可以分從幾點來談：

1. **現世面**：一般人平常沉淪於現實生活的忙碌當中，根本沒有時間檢視一下自己這一生的意義與價值，等到臨終時，也不知道如何去肯定自己。殯葬公司在此就可以利用臨終關懷的服務機會，喚醒當事人與家屬正視這個問題，告訴當事人與家屬可以如何做，才能避免死亡後讓彼此徒留遺憾。例如提醒當事人與家屬，從日常生活中去找出可以代表自己這一生的意義與價值的事件，無論此一事件的社會評價如何，都能進一步予以肯定，那麼當事人與家屬就能正面面對當事人的一生，而不至於有遺憾的感覺發生。

2. **死亡面**：一般人由於平時不太思考面對死亡的問題，因此死亡一旦來臨就會顯得驚惶失措，甚至恐懼難安。這時如果殯葬公司能在臨終關懷的服務時，提醒當事人與家屬可以用什麼方式來面對死亡，要如何做才有可能克服死亡的恐懼，那麼當事人與家屬自然能夠安然面對死亡。例如提醒當事人與家屬了

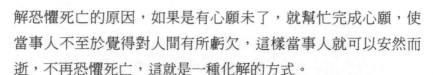

解恐懼死亡的原因，如果是有心願未了，就幫忙完成心願，使當事人不至於覺得對人間有所虧欠，這樣當事人就可以安然而逝，不再恐懼死亡，這就是一種化解的方式。

除了面對死亡這一面以外，還有經歷死亡的那一面。對於那一面，殯葬公司亦可提供相關的建議，讓當事人與家屬知道死亡歷程中的可能遭遇。這樣對於當事人與家屬有關死亡的認識可以更加豐富與深刻，同時具有貼切的實用性。例如對於死亡過程的遭遇，可以提醒當事人與家屬，讓他們了解死亡過程的生理變化，知道聽覺是最後消失的。所以，家人彼此在交談當中，要將亡者當成還是活著時候的狀況予以尊重，亡者本身則不要太在意家人有時候的無心之過。這樣，一旦相互了解與體諒，那麼當事人與家屬彼此間就能得到更圓滿的對待。

3. **來世面**：如果上述的生命回顧仍然不足以圓滿當事人的生命，那麼我們就必須進一步考慮是否有來世生命的問題。問題是，一般人的作法都在現有的宗教中尋求慰藉，沒有想到怎麼樣的信仰是最適合自己的。在此殯葬公司可以透過臨終關懷的服務，提醒當事人與家屬真誠地面對自己，用心選擇自己的信仰，避免死亡後產生生死兩不安的困擾。

五、生前契約面

關於這一方面，我們亦可以分從幾點來談：

1. **經濟面**：由於近年來殯葬處理費用日益增加，一般人又囿於社會處理喪禮規模大小的競相比較，有很多人擔心未來會死不起。因此，為了避免一般人死後負擔不起自己的殯葬費用，也為了避免自己死後讓家人背負過大的債務，殯葬公司可以利用

臨終關懷的機會，用分期付款、繳會費或繳保險費的方式，減輕當事人與家屬的經濟負擔，並給予符合現代人尊嚴的起碼喪禮。這樣，就可以讓當事人與家屬安心接納與死亡有關的殯葬處理，而不用擔心經濟上的問題。

2.**法律面**：一般人對於死亡部分的法律規定並不清楚，相關的辦理手續也不明白。如果有了生前契約，那麼相關事務的處理就可以交由殯葬公司來做，當事人與家屬也就可以放心。這是因為上述的服務是屬於殯葬公司臨終關懷服務的一環。

3.**自主權面**：一般人對於自己的身後事大體上採取的是由家人來辦的態度，但是都沒有想到這樣辦的結果會不會為家屬帶來困擾，更沒有想到這樣辦的結果是否符合自己的意願。如果我們在生前就可以自己安排自己的喪禮，那麼上述的問題自然不易發生。所以，殯葬公司在提供臨終關懷的服務時，要讓當事人與家屬清楚這是協助當事人實現自主權的服務。

4.**喪禮安排面**：由於目前社會上對喪禮的安排，大體上還是按照傳統的方式，頂多只是做做細部的調整，對於整個喪禮的意義與如此安排的用意並不清楚。因此，殯葬公司在提供臨終關懷的服務時，就必須把上述的意義與用意交代清楚，讓當事人與家屬可以根據他們本身的了解，決定自己喪禮的意義與作法。

✚ 第六節　結論

總結上述的討論，我們發現現代的殯葬處理已經慢慢跳脫過去殮、殯、葬的範疇，開始往前延伸到臨終關懷的部分。這種往前延伸的作法，固然是在殯葬公司經營的競爭下出現的產物，但是不可諱言

地，也是安寧療護啓發下的結果。雖然如此，其實這種往前延伸的作法早在古代就有類似的作爲，只是當時的內容沒有今日安寧療護的完整與具體。

然而，上述的說法並不代表今日殯葬公司的臨終關懷服務就已經達到盡善盡美的境地。實際上，現代化的殯葬公司雖然已經將臨終關懷納入服務的一環，可是在服務的範圍與程度上其實還是偏重在有形的部分，尤其是社會層面有利可圖的部分。至於其中較麻煩與不易處理的部分，他們就擱置不管。其實，這樣做的結果是無法真的讓生者與亡者生死兩相安。因爲，對於生者與亡者而言，有形社會層面的處理只是生死兩相安的必要處理，而不是充分處理。假使要真的充分處理，無形個人層面的處理是需要做的。

爲了實實在在落實生死兩相安的理念，我們建議殯葬公司在做臨終關懷的服務時，應當要從上述所建議的社會經濟面、生理醫療面、心理意願面、靈性面、生前契約面等各個方面，提供較爲完整的服務。透過這樣的服務，當事人與家屬不但可以得到全人的服務，也可以藉著殯葬公司的提醒，讓當事人與家屬體認到生死一體的可能含義。如此一來，殯葬公司才有機會真正實現當事人與家屬生死兩相安的行銷可能性。

註解

1 尉遲淦著，《生死尊嚴與殯葬改革》（台北：五南，2002），頁
164-165。

2 尉遲淦主編，《生死學概論》（台北：五南，2001），頁
99-100。

3 根據大陸的翻譯，他們就將「安寧療護」翻譯成「臨終關懷」。他
們之所以這樣翻譯的依據，主要在於「臨終關懷」的「根本目的，
都是幫助各種臨終病人能夠平靜、安寧地度過生命的最後階段」
〔孟憲武編著，《臨終關懷》（天津：天津科學技術，2002），頁
1〕。然而，這樣的說法雖然將臨終的重點表達出來，範圍卻太過狹
窄，只包括臨終病人的部分，忘記了一般臨終者也需要臨終關懷。
所以，為了讓臨終者能夠享有高品質人性化的臨終服務，我們有必
要將這種服務模式加以改良，推廣到所有的臨終者身上。

4 林素英撰，《古代生命禮儀中的生死觀——以〈禮記〉為主的現代
詮釋》（台北：文津，1997），頁118。

5 徐福全著，《台灣民間傳統喪葬儀節研究》（台北：徐福全，
1999），頁31-39。

6 這種行銷策略的改變，一般現代化的殯葬業者採用不同的作法：有
的採取社區服務的方式，藉著志工的身分進入社區服務，擴大公司
未來可能有的客源；有的採取醫院服務的方式，透過志工的身分進
入醫院服務，擴大公司未來可能有的客源；有的採取互助會的方
式，用低價會費的作法吸收一般民眾，擴大公司未來可能有的客
源；有的採取網路行銷的方式，用網路資訊服務的作法吸引一般民

眾，擴大公司未來可能有的客源；有的採取生前契約的方式，用先繳頭期款再分期付款的作法吸引一般民眾，擴大公司未來可能有的客源；有的採取擴大服務的範圍，用臨終關懷或臨終諮詢的方式，提前服務未來可能有的潛在客戶。

7 黃昭燕撰，《國內生前契約研究——從殯葬業者與消費者行為談起》（嘉義：南華大學生死學研究所，2002），頁132-163。

8 在此，有人可能會說，政府機關這幾年也提供不少相關資訊，不但編印成書，出版相關服務手冊，還製作錄影帶、光碟並建構相關網站，以利民眾查詢參考。例如內政部民政司的禮儀叢書，台灣省政府社會處的國民禮儀範例與錄影帶，高雄市政府的「往生服務手冊」，台北市政府社會局的「生命的轉角處」關懷手冊及光碟，台北市政府民政局的「客家喪葬禮俗研究」的摺頁、光碟與網站。不過，這些資訊雖然都具有參考價值，但都只提供部分資訊，無法讓民眾較深入而完整的了解辦理殯葬事宜的意義與全貌。因此，現代化的殯葬業者才會認為，這樣訊息的提供是一件可行的服務。

9 http://www.baushan.com.tw/1024x768/main2/right233.htm。

10 有關宗教方面的作法，殯葬公司一般都與相關的宗教團體配合，甚少自行處理。因此，我們在此不予特別討論。至於各個宗教對於臨終關懷會有什麼樣的作為與內容，未來我們可以另行專文討論。

11 同註1，頁138-139。

第三章　台灣喪葬禮俗改革的現代化嘗試

✚ 第一節　前言

　　對住在台灣的人們而言，有關處理自身後事的喪葬禮俗也隨著經濟的發展、社會的進步而改變。但是，這種改變究竟是朝好的方向，還是壞的方向改變，是一個值得憂慮的問題。因為，這種改變並不是自覺的改變，而是順著社會變化所產生的不自覺的改變。因此，有心之士就擔心這種由業者引導的喪葬商業化趨勢，會不會對喪葬禮俗帶來不好的影響？當然，有的人會認為這種擔心是掛慮過多的結果。因為，目前有關喪葬禮俗變化的趨勢，雖然是由業者商業化動機在主導，然而這種變化如果不能合乎社會大眾的需求，屆時自然無法得到社會大眾的認同而慘遭淘汰的命運。表面看來，這種看法似乎言之成理。的確，根據市場原則，不能滿足消費者需求的產品是無法在市場競爭中存活下來的。不過，在此不要忘了自由競爭的另外一個條件，就是消費者對於自身需求的自覺度。如果一位消費者對於自身消費需求完全不了解或不太了解，那麼上述的自由競爭就不是消費者導向的自由競爭，而變成業者主導的自由競爭。換句話說，就不是真正的自由競爭。所以，消費者對於自身需求的自覺與否，成為市場能否形成真正自由競爭的關鍵。在這種認知下，深入觀察上述喪葬禮俗的變化，我們發現有心之士的顧慮是有道理的。因為，台灣人的教育水平雖然提高了，不過有關喪葬禮俗的教育卻幾乎等於零。大家不僅對於喪葬禮俗一無所知或所知不多，而且原則上對於喪葬禮俗抱持著避之唯恐不及的態度。因此，在無法自覺自身對於喪葬禮俗需求的情況下，台灣的喪葬禮俗不得不隨著業者的商業步調而改變。既然台灣的喪葬禮俗變化是依據商業化的原則，那麼喪葬禮俗的變化方向就不一

定會往好的方向改變。因為，商業化的重點不在好壞的道德原則，而在賺錢與否的功利原則。所以，台灣目前的喪葬禮俗在變化中的確產生了一些令人憂慮的問題。例如，「許多喪家為表孝思，不惜『逾禮』、『厚葬』，加上少數不肖喪葬從業人員，擅改正當禮俗，許多傳統儀式日漸簡化、省略，但另一方面又添加許多花樣，例如殯葬行列的『陣頭』，近年常有『牽亡陣』、『五子哭墓』、『孝女思親』之類，都是舊俗所無，不但有違孝道，甚至演變成傷風敗俗場面，實應儘速予以革除」。[1] 又如喪葬儀式噪音問題，「根據一項研究指出，居民對不同種類民俗噪音之好惡感受，一般認為最受不了的，主要為喪葬儀式中做功德及沿街遊行奏哀樂的聲音。分析其原因，此類噪音一般音甚高，據測試在殯儀館中進行者，噪音在八十五至九十五分貝之間，而在住家舉行之功德儀式，由於使用擴音器，音量更高達一百零二分貝，比平時背景音量七十至七十五分貝，高出甚多，居民自然覺得吵嚷不堪。其次喪葬噪音往往會令人產生不吉利、不愉快的音效反應。因此，如何減輕此類儀式噪音對居民的干擾，也是我們應努力的方向」。[2] 就是類似這樣的問題，讓有心之士覺得不能再任由業者決定台灣喪葬禮俗改變的方向，而必須由政府主導喪葬禮俗未來的走向。不過，由於政府本身對於台灣的喪葬禮俗也沒有專業的研究，因此類似的規劃必須借助相關專家學者的幫助。唯有透過專家學者的深入研究，才能規劃出一套合乎我們時代需求的喪葬禮俗。

現在，我們的問題是，要怎樣做才能規劃出一套合乎我們時代需求的喪葬禮俗？對此，專家學者們有一些不同的建議。例如，江慶林先生就在他主編的《台灣地區現行喪葬禮俗研究報告》中，列舉出十五項當時亟待改進的陋俗。這十五項陋俗包括：(1)宜於斷氣後移鋪；(2)革除逝於外地者不得運回家中之陋俗；(3)革除逝於外地者不得入莊之陋俗；(4)廢除不合理的「檢視」習俗；(5)宜廢止「戴笠、套

衫」習俗；(6)革除以擴音器誦經的陋俗；(7)革除以石頭等物放入棺內的陋俗；(8)革除殯儀從業人員擅改正當禮俗的陋俗；(9)所謂「告別式」一詞亟應廢止；(10)殯葬行列的各種「陣頭」悉應革除；(11)送殯花車宜加限制；(12)嚴禁濫發訃聞；(13)革除焚化「金童玉女」等陋俗；(14)打桶時間宜縮短；(15)迷信風水的習俗宜逐漸改進。[3] 此外，在該文中又舉出了五項值得提倡與保留的良俗。這五項良俗包括：(1)善用亡者生前服裝；(2)公墓公園化宜全面推行；(3)火葬值得提倡；(4)墓碑鐫刻祖籍宜加提倡；(5)持服應當「帶孝」。[4] 作者希望透過這種方式，未來能研究出一套良好而又可行的禮制。[5] 但是，這種作法是否真能達到預定目的？未必盡然。因為，畢竟列舉的方式是無法完整呈現喪葬禮俗的全貌，頂多只能呈現我們目前所見的優缺點。問題是，這些優缺點未必是永遠不變的。先不管缺點有沒有變成優點的可能，至少優點也有變成缺點的可能。例如，公墓公園化宜全面推行的問題。在一九八三年時，土葬依舊十分盛行，這個政策的確有助於改善人們對於土葬的刻板印象。不過，到了二○○一年，火葬已成為主流葬法，再繼續推動公墓公園化的政策，就有點不合時宜了。此外，上述的列舉除非是有系統的列舉，否則極易產生內部的衝突。例如，火葬的提倡與公墓公園化的推行，兩者表面看來沒有任何衝突，但在土地空間不夠用的時候，火葬的作法就會取代土葬的公墓公園化。更重要的是，這一套良好而又可行的禮制是根據什麼標準而訂定的？除非我們可以先找出這套禮制的憑據，否則很難避免上述衝突矛盾的困擾。關於這一點，我們發現作者只是隨文列舉一些說明。例如，宜於斷氣後移鋪的問題，作者提出了人道原則來對應。不過，這種對應方式並不能真的解決斷氣後移鋪作法的不合理性。因為，前者的人道對應是價值上的對應，後者的對應則是事實上的對應，換句話說，我們必須找出這種作法已經不合時宜的理由才行，因此，如果只憑藉一些

關係不明的原則,就想建構一套良好而又可行的禮制,似乎是不太可能的事。

除了上述的建議之外,徐福全先生也在《台北縣因應都市生活改進喪葬禮儀研究》中提出另一種建議。根據他的建議,他認為「聘請專家針對現代化都市生活情形,制訂一套簡要實用且附有禮義說明的禮儀範本,供民眾遵循」[6] 是必要的。他認為這樣做的結果,「不僅可以導正錯誤的喪俗,使喪禮哀戚的本質與慎終追遠之義獲得彰顯,更可讓有心簡化喪禮的死者子孫能獲得振振有詞的強力依據,不必依違於親友間眾口鑠金、似是而非的各種意見」。[7] 那麼,為什麼他會有這樣的認定呢?因為,他認為禮節訛誤、禮義失傳最主要的原因,就是「所有的禮均是由禮器(行禮之器物)、禮文(行禮之儀節)、禮義(行禮之意義與功能)三部分所構成,三者之中又以禮義最為重要,由於都市是講究分工合作,各司專職,學校教育只負責學科知識之傳授,未將生活禮儀納入教材與課程當中,而因應工商社會與都市生活所興起之服務業——葬儀社,又良莠不齊,多半只知其然不知其所以然,甚至連其然都知道得不多,於是造成現代都市喪葬禮儀十分紊亂,甚至以訛傳訛,例如封釘之禮,在古代本有驗屍之功能在內,是以父喪須由伯叔父來封釘,母喪由舅父來封釘,然而因為宜蘭一帶漳州人誤以為『天頂天公,地下母舅公』,凡事均須由母舅做主,導致父喪也由母舅封釘……便是非常明顯的以訛傳訛之例子。至於能知道喪葬禮俗之禮義者,不論葬儀社人員或死者家屬,均是鳳毛麟角,才會有停柩在堂時,孝男一邊守孝一邊觀賞電視歌舞節目、甚至打麻將等不合禮的矛盾現象發生」。[8]

所以,他和江慶林先生最大的不同,在於強調禮義的重要性。雖然如此,他對禮義的強調是否足以保證這套簡要實用且附有禮義說明的禮儀範本確實符合時代的需求?表面看來,似乎如此。因為他兼

顧了「維護慎終追遠優良傳統及維持現代都市生活品質兩個原則」。[9] 關於這一點，他在李咸亨先生主持的《台北市未來殯葬設施之整體規劃》中有進一步的說明。他認為「欲導正當前殯葬不良習俗，必須從多方面著手並懸立鵠的以為努力之方向：一、禮義化：傳統儒家喪葬禮俗具有盡哀、報恩、教孝、有節度調適遺族心情、強化遺族與親友之情誼等多項基本功能，這些功能則是喪禮的意義之所在；今人因為不明其禮義，才會有訃聞用紅紙且印金字，喪禮當作迎神賽會在處理等光怪陸離之亂象。假如能使國人普遍認清喪禮之禮義，正本而清源，則殯葬問題便可解決過半。二、專業化：當前都會地區之殯葬事務，泰半由葬儀社包攬，然而多數的葬儀社都是具有極度『商業化』的動機而欠缺『專業化』的知能，將葬儀視為商品，完全以利潤為導向，造成殯葬習俗越來越奢靡，越來越紊亂。三、樸素化與莊重化：儀式方面的繁文縟節，拖拉冗長及器物方面的華麗奢侈、喜喪不分，一直是民眾詬病的問題，而整個儀式場面的混亂嘈亂，五光十色，更引人反感，因此我們應該引導它走向樸素化與莊重化（莊重是對死者最起碼的尊重）。四、環保化：所謂環保化是指殯葬事務中所使用到的事、物必須注重環境保護，不使用危害地球的保麗龍產品，不製造空氣污染，不妨礙衛生，不妨害交通，尤其不可濫墾山坡進行濫葬。五、平等化：專制時代，人有貴族、平民之分，統治者與被統治者之別，生而有明顯的階級制度，死亦有懸殊的待遇；現代社會標榜民主、自由、平等，但巧取豪奪的經濟型態，官商勾結、黨同伐異的政治生態，事實上亦製造了另一種貧富懸殊的不平等，反映在殯葬習俗上那是屢見不鮮的超奢侈葬禮、超豪華私人墓園，基於人生而平等，死後亦應萬靈平等的觀念，我們企盼有一套平等化的葬儀與墓地設施。六、溫馨化：喪葬習俗固以盡哀抒悲為主，但悲傷的另一面，應該是由其鄰居親友所給予的溫馨與關懷；我們應該本著溫馨、關懷之

情去看待當前所有的喪事，不要再延續過去那種喪事是陰森、恐怖、倒楣的冷酷心態」。[10]

通過上述的說明，我們發現徐先生是以禮義化作為喪葬禮俗改革的核心，再配合時代需求的專業化、樸素化與莊重化、環保化、平等化、溫馨化。但是，這種內禮義外時代的改革模式真能符合我們的需求嗎？在此，我們有幾點疑慮：(1)內禮義外時代的模式不是一個融洽無間的模式；雖然此一模式兼顧了禮義與時代的需求，但是這兩者的關係如果沒有完全內化，極可能形成彼此的衝突。例如，過去守喪三年以報親恩的隔離作法與禮義就無法符合目前時代的需求。(2)禮義並非只有一種固定的內容，不同時代可有不同的理解；上述的盡哀、報恩、教孝、有節度調整遺族心情、強化遺族與親友之情誼等禮義之所在，表面看似天經地義的道理，其實只是人類情感理解的一種方式，背後實際隱藏一套有關生死的認知與觀念。如果我們不再採取這一套與生死有關的認知與觀念，那麼對於禮義自然就會形成另一種方式的理解。例如，傳統的喪禮就把死亡定位在凶事上，所以親人亡故之後必須要盡哀；倘若我們採取另一種理解方式，把死亡看成是涅槃的證人，那麼親人亡故之後，我們不但不要盡哀，回過頭來還要盡喜一番才是。(3)喪葬禮俗的用意無非就是安頓當事人的情感與認知，因此個人需求的滿足才是重點，我們無法提供一套能讓所有人滿足的喪葬禮俗。換句話說，在提供喪葬禮俗的滿足時，我們必須以當事人的意願與抉擇自主權作為滿足的前提。

綜合上述的探討，我們發現喪葬禮俗的改革不是一件很容易的事。如果我們一直採取一種放之四海而皆準的改革作法，那麼這樣的喪葬模式注定是要失敗的。因為，今天的社會已進入個人化、多元化的社會，每個人都能根據自己的需求決定自己對於喪葬禮俗的要求。因此，尊重個人的抉擇、滿足個人的需求，成為我們規劃新時代喪葬

模式的基本前提。在這個前提之下，我們唯一要做的事情就是讓每個人了解過去的喪葬禮俗有什麼內容，意義爲何，爲何要這樣設計，我們自己可以有什麼樣的選擇。以下，我們就分從不同方面來探討「台灣喪葬禮俗改革的一個現代化嘗試」。

➕ 第二節　台灣喪葬禮俗的現況與問題

在正式討論台灣喪葬禮俗的改革問題之前，我們先行了解台灣喪葬禮俗的現況與問題。一般來說，我們約可分五個階段來處理喪葬禮俗的問題，就是從臨終經過殮、殯、葬到祭祀。根據徐福全先生的整理，目前喪葬禮俗包含下列二十個大項：(1)搬鋪，(2)腳尾物，(3)舉哀、哭路頭，(4)守鋪，(5)報白，(6)示喪，(7)孝服、帶孝、手尾錢，(8)乞水、沐浴，(9)套衫、張穿，(10)接棺，(11)開冥路，(12)辭生，(13)入殮，(14)打桶，(15)豎靈，(16)守靈，(17)親友弔奠，(18)出山，(19)做七（旬）、做百日、做對年，(20)做三年、合爐。[11] 以下分別說明相關的內容：

1. **搬鋪**：在過去指的是將臨終者從臥室移至大廳之謂，現在亦包括由醫院病床移到往生室或家中大廳之謂。在移往大廳之後，將臨終者置水床（即臨時搭成之木板床或鐵架床）之上。此外，也有不運回家中而直接由醫院運往殯儀館者。

2. **腳尾物**：人死後，一般除了用紅紙遮住神明、公媽之外，還要在死者腳前擺腳尾燈、腳尾飯、燒腳尾錢。

3. **舉哀、哭路頭**：人死後隨侍在側子孫的立舉哀，但也有依佛教說法只助念不哭泣。至於哭路頭的作法，都市的公寓、大樓較少見，鄉下則依舊要從戶外爬至戶內。不過，在哭的時候僅止

於哀號，而較少能像昔日一樣唱「哭喪調」。

4.**守鋪**：未入殮要守鋪，昔日要鋪稻草而眠，今則改用草蓆，主要以鄉下為主。

5.**報白**：死者至親（如母喪之外家）必須孝男親自去報喪，一般親人則可央託他人或利用電話報喪，至於一般的朋友，則大都等訃聞印出後，才郵寄通報。

6.**示喪**：喪家在自宅門口依父喪「嚴制」、母喪「慈制」、晚輩「喪中」的習俗貼白紙黑字，並為鄰居貼上紅紙以示吉凶有別，然而有些人家則仍沿用日據時代習慣貼「忌中」示喪。目前都市中公寓與大樓較少示喪的作為。

7.**孝服、帶孝、手尾錢**：昔日孝服均為喪家自製，今日則大都採全租或半租半做的方式，向葬儀社租借。為了方便起見，都市中的喪服日趨簡化，許多都是在黑、白喪服上加上一些簡單的輩分識別。至於帶孝，一般鄉下仍多採行，都市則在出殯後就不太帶了。而手尾錢的佩帶，則更是只有鄉下才能偶爾一見。

8.**乞水、沐浴**：乞水部分，目前除了少數偏遠鄉村仍有這個作法，一般都市中都用自來水替代河川水。至於沐浴部分，除了部分家屬（以在家中臨終者為主）會主動要求參與亡者的沐浴工作，通常主要是由護理人員（在醫院臨終者）或葬儀社人員（含殯儀館人員）負責。

9.**套衫、張穿**：昔日為死者穿衣前會有套衫儀式，今甚少見。昔日之壽衣男多為長袍馬褂，女多為烏巾衫裙，今則多為時裝。過去張穿多由子孫（父喪）媳女（母喪）為之，今則多由葬儀社人員代行。

10.**接棺**：入殮前，棺木運至家門口，孝男穿著孝服跪迎門外，此一儀節常見家中辦喪事者。

11.**開冥路**：初終為死者誦經、做功德，昔日多請道士，今日多請法師，昔日多用法器，今日更用擴音器。

12.**辭生**：死者入殮前，最後一次的拜奠，須準備一副豬頭、五牲及十二碗菜餚（即五味碗），由道士念誦吉祥語，主持辭生的儀式。

13.**入殮**：在做完開冥路的法事後，子女將亡者的雙手雙腳用長毛巾固定，由兒子抬頭、女兒扶腳、葬儀社人員協助，扶入棺材之中。棺中除放置枕頭、往生被外，有的還放置冥紙、庫錢（中式棺木），有的則放置衛生紙（西式棺木）。

14.**打桶**：昔日富厚人家為擇吉日吉地，常將棺木處理得密不透氣以便停放家中，俗稱「打桶」，一般人則很少打桶。打桶日期最長可達一、兩個月之久。不過，由於科技的進步，今日中南部有些地方，已用可移動式冷凍櫃或殯儀館冷凍室取代打桶的作法。

15.**豎靈**：遺體入殮後，為死者設一靈桌，供奉魂帛、置白蠟燭、鮮花、果品等，以備每日捧飯（二餐或三餐均有）及親友弔唁之用。

16.**守靈**：未入殮稱守鋪，既入殮稱守靈，昔人守靈是為克盡哀思之孝道，今日守靈則大都忘卻本義，在孝棚中看電視、錄影帶、泡茶聊天，甚至打牌、搓麻將，目前守靈以在家中辦喪事者為主。

17.**親友弔奠**：昔日弔唁所送多為銀紙、奠儀，有親戚關係者始送輓軸，其有送奠品者亦均開弔出殯當天才送去，而且數量適宜。今日親友弔唁，或在喪事之初，即將奠品送出，而且是用保麗龍為框之「罐頭山」，本來還是小山，最近則演變成大山，甚至有送用罐裝啤酒砌成的通天柱，極盡鋪張之能事；另

外由於廣發訃聞，一些民意代表、政府首長或礙於人情，或兼做廣告，便提早將花籃、輓幛等送至喪家，喪家在家中辦喪事者為了陳列這些物品，只好搭大棚子放置。

18.**出山**：昔日出山前夕有做功德之俗，今日則除做功德或誦經團之誦經外，更有牽亡魂之唱念。到了出殯日之禮俗則有：

(1)轉（移）柩、壓棺位：轉柩之意就是將棺木由廳堂移至奠禮場所，如果是搭棚子，則是象徵性的移動一下。當靈柩移出廳堂後，家屬即踢倒原承放之二張木椅，並潑水清潔打掃，於原停放靈柩處放置一大竹籮，內放燃著的烘爐、十二碗菜、發粿等物，另置一盛滿食米之米桶，俗稱壓棺位。轉柩之俗於焉完成。今日此俗尚存。

(2)家奠：昔日稱為起柴頭，這是出殯之前的隆重祭奠，孝眷一律著孝服參與。奠品是孝男孝女為豬頭五牲（客家地區用全豬全羊），外戚為彎蹄五牲。昔日一人一份，今天有部分人家改為代表性辦一份，親友的部分有的也改用代用金請喪家代表性辦一份。這種作法以鄉下為主，都市中在殯儀館禮堂辦理則較為簡單，也有用鮮花、素果代替。奠拜之法，多半仍採三跪九叩首。

(3)公奠：昔日親戚參加家奠，朋友則在家奠後自由拈香。今日鄉村地區大致如此；都市地區則幾乎每場喪禮均分家奠、公奠兩個階段。甚至為了公奠，另行搭建一個綴滿鮮花、排場很大的公奠場。有時參與的人甚多時，所花的時間少則一小時，多則二、三小時。

(4)封釘：昔人多在大殮時即請伯叔（父喪）或母舅（母喪）來主持封釘禮，今日因有醫生開具死亡證明書，不需親戚驗屍，加以大殮時間倉卒，伯舅未必有空，因此封釘禮有

時便移到出殯日發引前舉行。

(5)旋棺、絞棺：旋棺之意即由僧道鳴鐃鈸為前導，孝男、孝媳等隨後繞行靈柩三周，絞棺則是旋棺之後，由抬扛靈柩之人將大龍與蜈蚣腳等抬棺柩之杠放置定位，以大麻繩緊捆，以便抬扛。昔日主要由同姓子弟來抬，今日則花錢由葬儀社人員抬，且只抬一小段即改用靈車運載。

(6)葬列：出殯行列依傳統有草龍、撒買路紙、開路鼓、銘旌、孝燈、姓氏燈、輓聯、陣頭、香亭、相亭、魂輿、道士、靈柩（車）、孝眷。今日由於經濟繁榮，喪家企圖以陣頭、花車種類的眾多來襯托其身分地位，是以除了固有的葬列之外，還新增了白馬隊、大旗隊、摩托車隊、豪華進口轎車隊、大山尪（金童、玉女、山神、土地、地藏王菩薩、觀世音菩薩、佛祖等等）、白獅陣、白龍陣、花車、三藏取經、八家將、旗牌陣、牽亡陣、大型妙齡女子樂隊、藝閣、誦經團、電子琴花車等等。

(7)葬式：若採土葬作法，於靈柩到達墳地時，舉行安葬禮，再由葬儀社人員在靈柩腳部鑽孔放栓，將靈柩下壙，覆靈旌（銘旌）於柩上，由兒子盛土撒入壙中，落葬之後，再請地理師或風水師立后土，祭拜完畢後奉遺像及靈位歸。若採火葬作法，則於出殯後移靈柩至火化場，在家屬祭拜後，由子孫點火燒化，家屬奉遺像及靈位歸，並聯絡取骨灰罐時間，擇日再安置於納骨塔中。目前鄉村仍有不少土葬者，都市則以火葬為主。

(8)返主、安靈：葬後迎魂帛（神主）回家奉祀稱為「返主」，昔日要繼續安在靈桌上，到滿七或百日才撤除靈桌，將魂帛貼紙移上公媽桌（泉州人），至於漳州人則一

直到三年才撤靈。今人則受實用主義之俗化影響，往往於出殯返主後即將靈桌撤除，順便換幼孝或不帶孝，以減輕孝男們的行動限制，稱爲「安清氣靈」。這本是南部海口人的風俗，如今在都市地區已經極爲常見。

19.**做七（旬）、做百日、做對年**：儀式內容大抵如往昔，逢奇數大七（旬）或百日、對年等重要節日，都會聘請道、法師做法事，並燒冥紙、庫銀、靈厝等。目前做旬已幾乎不可見，做七也從四十九日減至十四日或七日，甚至有的只做頭尾七，其餘不做。

20.**做三年、合爐**：今人多半在做對年後不久即擇日做三年，並舉行合爐儀式，有的甚至在對年當天行之。

根據上述的說明，我們知道目前的喪葬禮俗已經和過去的作法有了許多的不同與改變。接著，我們看這樣的改變在今天衍生出怎樣的問題出來。根據徐福全先生的整理，綜合起來大約有下列十二項：(1)違拂人性，(2)衛生問題，(3)噪音問題，(4)空氣污染問題，(5)亂丟廢棄物，(6)公共危險，(7)妨害交通，(8)濫發訃聞，(9)奢侈華靡，(10)奠禮場面混亂而且時間冗長，(11)葬列不倫不類，(12)禮節訛誤、禮義失傳。[12] 以下分別說明相關的內容：

1.**違拂人性**：農業時代，醫療資源缺乏，更是缺乏專門的醫療機構；現代各地普遍均有設備完善的醫院，能提供最完善的醫療服務；然而常見病家倉卒將病人載回家中「俟終」，在病人最痛苦的時候，卻得不到妥善的醫療照顧，實在是有違人性。這個行爲是出自忌諱人死於外地不得將遺體運回家中的習俗。此外，搬鋪的行爲亦有類似的問題。例如，在臨終時就被告知行將死亡的事實，然後就在大廳的水床或臥室床邊的地上躺著等

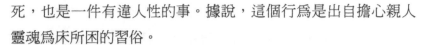

死，也是一件有違人性的事。據說，這個行為是出自擔心親人靈魂為床所困的習俗。

2.**衛生問題**：喪家在親人入殮以後，十之八九都會「打桶」停柩，雖然經過密封處理，然而臭氣外溢之事例亦時有所聞；至於出殯之日，席開數桌至數十桌，通常都會請人外燴，也常因此而發生食物不潔的中毒事件。

3.**噪音問題**：除了做法事誦經用麥克風會形成噪音外，出殯當天的牽亡陣、孝女白琴、南管、北管、西樂隊等在奠場及出殯行列行進中演奏，亦會形成噪音問題。

4.**空氣污染問題**：從人死到出殯為止，幾乎沒有一天不燒冥紙。其中，尤以庫錢、燒靈厝、燒亡者遺物為大宗。屆時不僅煙霧瀰漫，還會產生有毒氣體影響空氣品質。

5.**亂丟廢棄物**：過去無論漳泉或是閩客，習慣於出殯行列前由一人沿途撒下買路的冥紙；迄今，都市中雖然已有部分喪家不撒買路錢，但鄉下依舊一樣，造成馬路的髒亂。不僅如此，出殯之後，奠禮場拆卸下來之輓聯、輓幛、罐頭山的保麗龍板、宴客所剩的剩菜殘羹，往往也是環保工作人員的一大清潔負擔，還有除靈後的靈桌也是一個大問題。

6.**公共危險**：在燒庫錢、燒靈厝時，由於數量多、體積較大，雖然抬至遠離住宅區的空地去燒，但在天乾風大的時候，仍有潛在的公共危險性。

7.**妨害交通**：大致有三種狀況：(1)住宅狹小或二樓以上住戶，為了在家治喪佔用街道搭棚停柩；(2)在出殯當天佔用整條街道作為奠禮場用；(3)出殯行列太長，影響人車往來。

8.**濫發訃聞**：現代喪禮大都印有訃聞，對於現代人複雜的人際關係有所交代是有正面的意義，但是有的喪家印製訃聞的用意

並不在於交代這樣的人際關係，而是爲了擴大喪禮的規模與場面，於是凡與死者或其子孫有一面之緣的人一律一網打盡，造成訃聞滿天飛的惡俗。

9.**奢侈華靡**：現代人由於經濟日漸富裕，消費型態也由需要性的滿足走向奢侈性的滿足。再加上一般民衆以金錢花費多寡表示孝心多寡的想法，使得喪家本身想盡辦法爲亡親舉辦一場豪華的喪禮。不僅如此，喪家的親友在致贈禮品時也往豪華的方向走，例如罐頭山、通天柱，或奠禮場的門柱用啤酒或紹興酒堆砌而成。

10.**奠禮場面混亂而且時間冗長**：出殯當天若司儀無法掌握全局，場面勢必顯得十分混亂，再加上參與的人太多，定會造成時間過度冗長的後果，使得參與公奠的團體與個人浪費寶貴的時間。

11.**葬列不倫不類**：現今出殯行列不僅有傳統中西樂隊，更有各式各樣的花車、陣頭。其中，不只有舞龍、舞獅，還有八家將、山神土地、菩薩等一一上場。這種神鬼混雜的情形眞是不倫不類。更甚者，在電子琴花車上還有妙齡女郎載歌載舞輕解羅紗，眞是有違善良風俗，也褻瀆死者。

12.**禮節訛誤、禮義失傳**：由於現代教育以知識傳授爲主，對於生活上的相關禮俗完全沒有放入教育的內容中，再加上家庭教育也沒有納入類似的喪葬內容，使得一般人對於自身死亡處理極爲重要的喪葬禮俗，完全處於無知的狀態。就是這樣的無知，讓我們無法判斷葬儀社的服務人員是否專業。結果業者就算弄錯了禮節，我們也無從糾正起。更何況業者對於整個喪葬禮俗的內容是否具有整體的認識，我們也無從得知。例如，依傳統喪葬禮俗的作法，母喪由舅父封釘是合理的。因爲舅父負

有驗屍之責，看他姐妹是否有受到夫家的凌辱或謀害。至於父喪亦請舅父封釘，就形成禮節的訛誤。這種訛誤的形成，主要就在於葬儀業者或喪家對禮義本身不了解的結果。他們不知道父喪的驗屍者應為伯叔父，而非舅父。因為，伯叔父亦要看他兄弟是否有受兄嫂或弟妹的凌辱或謀害。

從上述的說明可知，台灣的喪葬禮俗在現代化的過程中，除了部分的禮俗無法符合時代的需求而形成問題外，還有部分的禮俗在時代需求的扭曲中變形。更重要的是，這些問題讓我們反省到過去喪葬禮俗的合理性問題。換句話說，就是在上述的合宜性問題之外，台灣喪葬禮俗本身的原始設計是否也有進一步檢討的必要。

✚ 第三節　台灣喪葬禮俗的省思

現在，我們進一步針對上述十二項問題提供較為深入的反省，設法透過這樣的反省，深入台灣喪葬禮俗的本身，找出台灣喪葬禮俗產生問題的根本關鍵所在，作為後面提出改革建議的依據。在此，我們先對上述十二項問題提出初步的反省：

1. **違拂人性的問題**：對於這個問題，我們初步可以從破除迷信或習俗做起，告訴病人或臨終者的家屬，上述趕著回家俟終或搬鋪的作法只是一種迷信或習俗而已。站在人道的立場上，我們實在不應該讓病人或臨終者得到如此非人性的待遇。這樣非人性的待遇，不但侵犯到病人或臨終者就醫或受照顧的權利，也讓病人或臨終者失去了做人的基本尊嚴。這種喚醒家屬人道意識的作法，雖然有助於破除上述的迷信或習俗，但是卻無法從

上述禮俗本身解決禮俗所產生的問題。甚至於有的家屬反而會質疑說，如果人道對待意味著對病人或臨終者好，那麼上述的趕回家俟終或搬鋪的行為就是對病人或臨終者好。就算這樣的作為對於病人或臨終者有點不人道，但是站在善終的立場或對整個家族好的立場，這些小折磨是值得犧牲的。當我們面對類似這樣的質疑，就會發現上述的人道理由不見得有充分的說服力。除非我們能夠從這些禮俗本身找到這些作法的不合理，否則無法真正破除這樣的作法。

2.**衛生問題**：對於這個問題，我們可以從打桶臭氣外溢與外燴食物不潔中毒來說明。不過，這種從衛生角度來的說法，並不能完全中止喪家打桶與外燴宴客的行為。因為，喪家可能會說只要請殯儀館人員在打桶時做得確實一點，或改用可移動式的冷凍櫃，就可以解決打桶時帶來的衛生問題。同時，對於外燴食物不潔中毒的部分，亦可藉由衛生較好的外燴或經由喪家本身的監督，便可儘量避免外燴宴客所帶來的衛生問題。如此一來，除非我們能深入打桶與外燴宴客這兩項禮俗本身，找出這些禮俗不合理的所在，否則很難完全避免這樣的行為，也很難完全避免不衛生的後果。

3.**噪音問題**：對於這個問題，我們可以從法事誦經用麥克風或牽亡陣、孝女白琴、南管、北管、西樂隊之表演、演奏所形成的噪音後果來解決，告訴喪家這些作法、表演與演奏都會對鄰居、路人與環境造成噪音問題。但是，這種說法的提出雖然有助於改善噪音問題，卻不一定可以徹底解決噪音問題。因為，對喪家而言，這些作法、表演與演奏不只是屬於喪家本身需求的行為，也是屬於社會要求的行為。如果我們不能從做法事誦經、陣頭表演與樂隊演奏本身的禮俗要求去做調整，那麼由上

述禮俗所帶來的噪音問題就無法得到徹底的解決。

4. **空氣污染問題**：對於這個問題，我們可以從燒腳尾錢、庫錢、靈厝、亡者遺物的後果來解決，告訴喪家這些焚燒的作法不只會產生黑煙，還會產生有毒氣體，對整個空氣品質會帶來不好的影響。雖然這樣的環保說法對有些喪家確實能產生一些勸阻的效果，但是想要真正完全改善空氣品質卻不可能。因為，有的喪家可能會認為，不這樣做的後果，就是亡者無法安然抵達另一個世界，或抵達另一個世界後會變得一無所有。為了避免這樣的顧慮，所以喪家還是不得不燒腳尾錢、庫錢、靈厝與亡者遺物。因此，為了徹底解決空氣污染的問題，我們必須回到這項禮俗本身，反省禮俗的合理與否，如此，方能真正改變喪家的行為。

5. **亂丟廢棄物的問題**：對於這個問題，我們可以從亂撒冥紙、亂丟輓聯、輓幛與保麗龍板、靈桌及剩菜殘羹處理的後果來解決，告訴喪家這樣做的結果會對環境帶來多麼不好的影響。不過，這樣的說法不能完全解決這種亂丟廢棄物的問題。因為，有的喪家可能會說他們並沒有亂丟廢棄物，他們只是在處理禮俗與不幸的問題。因此，如果我們想要徹底處理這個問題，就不能只從環保的角度來思考，而必須從禮俗本身著手，讓喪家了解這些禮俗的規定是不合理的。

6. **公共危險的問題**：對於這個問題，我們可以從燒庫錢、燒靈厝的後果來解決，告訴喪家這樣焚燒的結果對公共安全的危害情況。然而，這樣的說法未必能被所有喪家接納。因為，有的喪家可能會說他們已經做好萬全準備，應該不會產生公共安全的問題。要不然也可以像殯儀館一樣的作法，在地方開闢類似的場所提供喪家使用。因此，關鍵點顯然就不在於在什麼地點

燒,有沒有公共危險的顧慮,而在於為什麼要燒、是否一定要
燒的禮俗問題上。除非我們能夠找到禮俗上的不合理所在,否
則很難禁止這種具有潛在公共危險的行為。

7. **妨害交通的問題**:對於這個問題,我們可以從佔用街道搭棚
停柩、佔用街道搭棚當奠禮場與出殯行列太長影響交通的後果
來解決,告訴喪家,這樣的作法對其他人車的交通權利是很大
的妨害。雖然這樣的說法對有些喪家確實會產生一些改善的效
果,但是有的喪家可能就會認為這種妨害只是暫時性的,大家
忍一忍也就算了,又何必那麼在意呢。何況,這種情形又不是
只有他們有,每一個人將來都可能會有。此外,在家治喪是我
們傳統禮俗的規定,這樣做不是很合理嗎?所以,為了徹底化
解這個問題,我們不能只從妨不妨害交通上來考慮,而必須從
治喪是否一定要在家、出殯行列是否一定要長的禮俗上來考慮
才行。

8. **濫發訃聞的問題**:對於這個問題,我們可以從訃聞濫發的後
果來解決,告訴喪家這種濫發行為不但會造成他人的困擾,也
會形成人情上的負擔。不過,這些現實面的考慮,雖然在某種
程度上會影響某些喪家發訃聞的作為,但是有的喪家並不認為
這樣做有什麼不好。何況,這種廣發訃聞的作法不正是為了光
宗耀祖嗎?這種合於禮俗的作法又有什麼不對呢?因此,如果
我們真的想要改變這種勞師動眾式的廣發訃聞作法,最好的方
法,就是徹底反省我們的喪葬禮俗,看看這種禮俗是否真的如
此合理。

9. **奢侈華靡的問題**:對於這個問題,我們可以從喪禮與奠禮品太
過豪華的後果來解決,告訴喪家豪華奢靡的喪禮不代表孝心就
比較多,與其在親人死後以豪華奢靡的喪禮來表示家裡有錢,

倒不如在親人生前多一些真心的照顧。同時，對喪家的親友亦可採取類似的說辭，讓他們了解奠禮品的豪不豪華、奢不奢靡，並不能真的代表他們對於亡者的奠祭心意，與其花那些錢在奠禮品的致贈上，倒不如在出殯後多去亡者家中提供心情上的慰藉。雖然這樣的說法確實也能改善一些喪禮與奠禮品的奢侈華靡的問題，但是有的喪家與親友總認為不如此就不足以彰顯亡者的成就或家屬的孝心。因此，除非我們能夠從禮俗本身指出這種作法的不合理之處，否則很難徹底導正這樣的想法。

10. **奠禮場面混亂而且時間冗長的問題**：對於這個問題，我們可以從奠禮場面混亂而且時間冗長的後果來解決，告訴喪家這種情形對亡者不好，對參與的人亦不好。就亡者而言，奠禮場的混亂會讓亡者難堪。就參與的人而言，奠禮場的混亂會讓人情緒很混亂，失去致祭的心意，時間的冗長會影響參與者工作步調的安排。當然，有的喪家可能會說奠禮場面的混亂又不是他們要的，時間的冗長也不是他們願意的。倘若司儀能夠控制好場面與氣氛，奠禮場面自然不會那麼混亂。如果參與的人能夠覺察自己參與的必要與否，調整好自己的工作步調，時間自然不會那麼冗長。因此，為了讓奠禮場面與時間能夠回復到合理的狀態，我們有必要重新檢討這種禮俗的設計與安排，看哪一種方式才適合我們這個時代的需要。

11. **葬列不倫不類的問題**：對於這個問題，我們可以從葬列不倫不類的後果來解決，告訴喪家這種作法不單沒有辦法幫助亡者，還會為亡者帶來困擾，讓亡者覺得丟臉。雖然這種說法對某些喪家會產生一些說服力，不過對有的喪家就不見得有用。因為，他們會說葬列的安排，一方面是為了安亡者的心，一方面是為了滿足社會的要求，讓社會大眾了解他們是如何盡心盡

力在送亡者。所以，如果我們想要徹底解決葬列的不倫不類問題，除了要讓喪家了解這種安排是否眞的有助於亡者，還要讓喪家確實了解葬列禮俗的合理性問題。

12.**禮節訛誤、禮義失傳的問題**：對於這個問題，告訴喪家這種錯誤與不了解的結果，不只會因爲被誤導而受到社會批評，還會讓亡者走得不安心。但是，有的喪家可能會說這又不是他們的錯，要怪也要怪葬儀業者，誰叫他們要如此的不專業。對業者而言，他們亦會說這也不是他們願意不專業，而是政府沒有善盡責任，不但沒有提供專業訓練的管道，也沒有提供一般教育的管道，使得喪葬的禮節無法得到正確的規範，喪葬禮俗的意義無法得到眞正的了解。所以，爲了徹底解決禮節訛誤、禮義失傳的問題，我們不單要在教育與專業訓練上著手，更要在喪葬禮俗的意義與設計的合理問題上多加斟酌。

經過上述對十二項問題的初步反省，我們發現只從喪葬禮俗所衍生的後果來考量問題的解決是不夠的。因爲，這種解決方式只是治標而不是治本。一旦社會的環境變了，是否又會生出新的禮俗問題？因此，爲了避免這種跟著時代跑的困境，我們必須回到禮俗本身來做思考，看這樣的禮俗原先是要傳達什麼樣的意義。這樣的反常方式，其實也就是徐福全先生、楊炯山先生等人所採取的方式。[13] 以下，我們分別從上述的十二項問題做進一步的反省：

1.**違拂人性的問題**：關於這個問題，我們進一步從禮俗本身來反省。以下我們分病人趕回家中俟終與搬鋪兩方面處理：

(1)病人趕回家中俟終的問題：爲何病人要趕回家中俟終呢？一方面可能是病人自己的意願，一方面可能是家屬的決定。無論是病人的意願或家屬的決定，基本上都受到相同禮俗的支

配。這種禮俗包含下面兩種想法：一是死於外地不算好死，一是死於家中才算好死。就前者的想法，自然形成「逝於外地者不得運回家中」的規定；[14] 就後者的想法，自然形成「壽終正（內）寢」的說法。[15] 那麼，這些規定有什麼樣的依據？表面看來，前者的規定是爲了避免亡者的靈魂受阻於家中的門神而流落在外，影響村民的安寧，[16] 後者的說法則是爲了讓亡者逝於家中得到善終。實際上，前者的規定是爲了村民的衛生安全考慮，避免運屍所帶來的傳染病，後者的說法則是爲了家族團聚最後話別，表示亡者上對得起列祖列宗，下對得起後代子孫，完成承先啓後的任務。在這樣的依據底下，看來病人趕回家中俟終的作法似乎是合理的。不過，這種合理性其實只是表面的。因爲，如果趕回家中俟終只是爲了不趕回家中俟終會產生衛生安全上的問題，那麼這種理由在今天的醫療衛生水平上完全站不住腳。如果趕回家中俟終的理由不是衛生安全的理由，而是一家團聚最後交代的理由，那麼這樣的理由就比較具有說服力。但是，這種說服力也只能算是表面的說服力。因爲，一家團聚最後交代是否能夠成功，關鍵不在於俟終的地點而在彼此的關係。所以，根據上述的反省，我們發現「趕回家中俟終」的作法有其想要傳達的核心觀念，只是表達這種觀念的作法與其放在空間的移動上，倒不如直接放在情感本身的溝通上。一旦親人間彼此心意相通，就算臨終時沒有見上最後一面，也是了無遺憾。

(2)搬鋪的問題：爲何臨終者要搬鋪呢？雖然可能是出自臨終者的善意，也可能是家屬的善意，但基本上都受制於相同的禮俗想法。這種想法認爲人死於臥室就不算善終，只有死於正

廳才算善終。那麼,為何死於臥室不算善終,而死於正廳才算善終呢?根據傳統的說法,死者若不幸死於自己的床上,那死者的靈魂不是被吊在床架上不得超生,就是要擔「眠床柩」而不得超生,故這種受困於自己床上的臥室死法不是善終的死法。[17] 一個人如果想要善終,就必須死於正廳的水床上才算善終。因為,正廳是家中最神聖吉祥的福地,一旦死於這個地方,不僅可以與祖先話別,更可以修成正果。[18] 其實,上述的理由只是表面的理由,真正的理由是,過去的死亡官府不直接介入,除非有人檢舉有謀害之嫌,否則死亡就是家族的家務事。但是死亡雖是家族的家務事,卻仍需一定的機制來加以管制,因此就利用家中的正廳成為此一管制機制的中心,一方面讓亡者可以與祖先話別,一方面讓亡者可以與家人做最後的交代,同時透過神明與祖先的見證,告知親朋好友,亡者死得光明正大了無遺憾。問題是,這種類似於驗屍的工作,在過去自然死亡或病死的事仍屬於家務事時,的確十分有需要,但在死亡已納入政府公領域的今天,完全沒有必要再保留這種搬鋪的行為。所以,死於何處才算善終的問題已經不由地點來決定,而由亡者心境來決定。

2.**衛生的問題**:關於這個問題,我們進一步從禮俗本身反省。以下我們分打桶與宴客兩方面處理:

(1)打桶的問題:為何要打桶?一般來說,至少有五種不同的理由:「一、因擇日師選不到下葬的吉日。二、風水先生找不到吉地。三、遠方的子孫尚未趕回。四、因財力不足,無法籌出喪葬費。五、另有一說法:凡是打桶時間越長,表示子孫越孝順,捨不得和亡者分離,所以故意把殯葬時間拖得很長」。[19] 這些理由當中,其中第四項與經濟有關,我們不予

以討論。至於第一項與第二項的理由，則與後代子孫的幸福有關，而第三項與第五項的理由，則與孝心有關，就前者而言，打桶雖與子孫幸福有關，卻與亡者無關。因此站在早日入土，早日為安的立場上，打桶實在有違亡者的利益，不是孝子應有的作為。就後者而言，打桶一方面要讓家人與亡者見最後一面，表示他們的思親之情，一方面要讓家人與亡者多一些相聚時間，表示家人的孝心與不捨之情。表面看來，這種作法是對孝道的一種成全，應當沒有不能接受的地方。但是，奇怪的是，我們在不捨亡者的同時，過去卻又在棺木中放置石頭、石鼓、熟鴨蛋等物，以示與亡者永不見面的心情。[20] 這種既思念又害怕的矛盾心情，最足以凸顯打桶的偽善。所以，打桶的禮俗不見得是必要的禮俗。

(2)宴客的問題：為何要宴客？理由有二，一為表達感謝之意，一為聯絡親朋好友的感情。[21] 就前者而言，過去由於喪事的處理都是村落中的左鄰右舍一起幫忙完成的，因此在辦完喪事出殯之後，當然要對大家的辛勞表示感謝之意，所以宴客是不得不有的一種表示方法。不過，現在的喪事大體上都交由葬儀社來辦，因而不見得非要有宴客的行為不可。就後者而言，過去由於交通不便，遠地的親朋好友要見上一面不是一件很容易的事，因此遇見喪事時，就是親朋好友相聚的好時機，所以宴客就成為聯絡感情的一種好方法。但是，今天的交通與通訊都很發達，因此往昔的宴客之禮已經沒有存在的必要了。

3.**噪音的問題**：關於這一個問題，我們進一步從禮俗本身來反省。以下，我們分法事誦經與陣頭、樂隊表演兩方面處理：

(1)法事誦經的問題：為何要做法事誦經？理由有三：表達孝

思、超渡亡靈、增加自己的福報。[22] 就表達孝思而言，爲亡者做法事誦經的用意，在於表示家屬擔心親人無法順利到另外一個世界好好投胎轉世，因此藉著做法事誦經的行爲傳達內心的孝思。這種孝心固然不錯，但是我們又怎麼知道我們的親人無法順利投胎轉世？是否表示我們對自己的親人太沒信心了？所以，我們要擔心的，倒不見得是親人死亡後是否有能力順利往生的事，而是生前我們是否與親人眞能心意相通，提供親人了解生死大事的機會，協助親人了悟生死。就超渡亡靈而言，根據佛教說法，做法事誦經的功德，亡者七分只能得一分，所以對亡者本身的超渡作用其實不大。此外，人死亡之後，亡靈在七七四十九天之內便會投胎轉世，因此做法事誦經最多做到滿七。至於亡者何時已經投胎轉世，也是我們目前無法確知的事。所以，要如何做法事誦經就看喪家自己的決定了。就增加自己的福報而言，做法事誦經雖然家屬可得七分功德中的六分，但是這是在親身參與的條件下才有的。如果只是爲了增加自己的福報，其實也可以透過其他管道，而沒有必要通過做法事誦經的方式。何況，這種爲己的態度，在喪事的處理中也是無法見容於亡者與孝道的。

(2)陣頭、樂隊表演的問題：爲何要有陣頭、樂隊的表演？理由有二：一爲護送亡者，一爲告知社會大眾。就前者而言，護送亡者的用意在於擔心亡者無法順利到達另一世界。既然是護送，那麼親人的心意相隨才是重點。至於有沒有陣頭與樂隊的表演，顯然就沒有那麼重要了。就後者而言，告知社會大眾的用意在於提醒社會大眾，讓社會大眾心理有所準備而同表哀悼。因此，重點在於知悉，而不在於表演與否。

4.**空氣污染的問題**：關於這個問題，我們進一步從禮俗本身來反省，以下，我們分燒腳尾錢、燒庫錢、燒靈厝與燒亡者遺物四方面處理：

(1)燒腳尾錢的問題：為何要燒腳尾錢？理由是「赴陰府時，給予沿途之陰間好兄弟暨押解人員之費用」。[23] 但是，這種作法是模仿陽間作法而來，有賄賂之嫌。因此，就佛教對亡靈的了解，人處於中陰身之際是依意念而非實物的說法，亡靈與陰間好兄弟暨押解人員都沒有路費的需求，有的只是心意動念的問題。

(2)燒庫錢的問題：為何要燒庫錢？理由有二：一為「凡人自冥司轉輪出生時，向其生肖之庫曹借錢充出生盤費，因而亡故後即須繳錢還庫」，[24] 一為「家屬追念其他先亡之親戚，恐其短欠冥幣使用，乃加燒若干庫錢，託新喪亡靈帶去轉交備用」的寄庫。[25] 就前者而言，庫錢是生來借死去還的錢，照理應有一定的數量，沒有加多或減少的可能。然而，今日的作為卻是庫錢的數量可隨人們自由調整，可見燒庫錢是一種陽間人的行為，是模仿陽間旅遊行為的結果。就後者而言，燒庫錢是一種轉交的行為，但依佛教四十九天轉世的說法，先亡的親戚早已投胎轉世去了，又如何收到這些冥幣？何況，就算收到了庫錢，也只能用來償還原先來陽間所借的旅費，哪能另外再拿來花用。

(3)燒靈厝的問題：為何要燒靈厝？理由是不燒靈厝，亡靈在陰間就無法享用。因此，為了讓亡靈在另一個世界有較好的享受，喪家只好儘可能地將各種設備化為紙製樣品，燒給亡靈。不過，這種作法對亡靈一點幫助都沒有。因為，亡靈不是靠陽間家屬的供應才得以有所享受，而是靠亡靈自身的起

心動念。

(4)燒亡者遺物的問題：這個問題亦如(3)燒靈厝的問題一樣，都是陽間人用陽間的生存模式想像的結果。

5.**亂丟廢棄物的問題**：關於這個問題，我們進一步從禮俗本身來反省。以下，我們分亂撒冥紙、亂丟喪葬廢棄物與剩菜殘羹處理三方面討論：

(1)亂撒冥紙的問題：這是與燒腳尾錢一樣的問題，因此有關的分析請參見4之(1)。

(2)亂丟喪葬廢棄物的問題：為何喪家會亂丟喪葬廢棄物？一方面是用不到，另一方面是不吉利。就前者而言，喪葬用品只有在喪事時才用，平常是沒有機會用到的。因此，在用過卻又短期內沒有機會用到的東西，一旦不願收藏只好丟棄。既然如此，喪葬用品就應以租用為主，以必要為主。就後者而言，喪葬用品與一般用品並沒有太大差異，若有不同，則是面對觀念的不同。因此，只要我們不要割裂生死，喪葬用品也不見得就不吉利。

(3)剩菜殘羹處理的問題：這個問題是與宴客有關的問題，相關分析請參見2之(2)。

6.**公共危險的問題**：有關這個問題的分析，請參見4之(2)、(3)的說明。

7.**妨害交通的問題**：關於這個問題，我們進一步從禮俗本身來反省。以下，我們分在家治喪與出殯行列兩方面處理：

(1)在家治喪的問題：為何要在家治喪？理由有二：一為過去沒有殯儀館可供治喪之用，一為壽終正（內）寢觀念的延伸。就前者而言，這個問題今日已經不存在了。就後者而言，請參見1之(1)的說明。

(2)出殯行列的問題：有關這個問題的分析，請參見3之(2)的說明。

8. **濫發訃聞的問題**：關於這個問題，我們進一步從禮俗本身來反省。所謂訃聞，就是告喪的意思，目的在於讓親朋好友得知亡者去世的消息。因此，發訃聞有兩個作用：一是告知亡者的親朋好友亡者去世與辦喪事的相關訊息，一是聯絡彼此的感情。就前者而言，純粹只是告知的性質，實在沒有必要廣發訃聞給一些不相干的人。就後者而言，既然是要聯絡彼此的感情，對於那些交情不夠的人也就沒有必要發訃聞通知了。

9. **奢侈華靡的問題**：關於這個問題，我們進一步從禮俗本身來反省。以下，我們分喪禮與奠禮品兩方面處理：

(1)喪禮的問題：為何要有喪禮？理由有三：安頓亡者、表達孝心、聯絡情感。就安頓亡者而言，以滿足亡者要求為要，所以，喪禮之安排應先徵求亡者在生時之意願。就表達孝心而言，孝心之大小不由喪禮是否奢華來決定。因此，心意的真誠遠大於場面的大小。就聯絡情感而言，喪禮的奢華與否並不能決定情感聯絡的成功與否，與其把重心放在喪禮的鋪陳上，倒不如思考如何真實落實情感的聯誼。

(2)奠禮品的問題：為何要送奠禮品？一方面在於互助，一方面在於聯絡感情。就前者而言，既然是互助，就應以對方需求為主，而不應為喪家帶來太多的壓力與困擾。就後者而言，情感的聯絡貴在誠心，而不在奠禮品的大小與奢華。因此，在選擇奠禮品時要多加用心。

10. **奠禮場面混亂而且時間冗長的問題**：有關這個問題，請參見9之(1)的說明。

11. **葬列不倫不類的問題**：有關這個問題，請參見3之(2)的說明。

12.**禮節訛誤、禮義失傳的問題**：有關這個問題，請參見上述1至11的說明。

 ## 第四節　台灣喪葬禮俗改革芻議

總結上述反省，我們發現一些值得深思的課題：

1.台灣喪葬禮俗一向把喪事當成是凶事，認為親人一旦遇到死亡就是一件不好的事。因此，在面對親人的喪事時，就設法通過喪葬禮俗的處置，轉化死亡所帶來的不幸，讓家人藉由死亡的安頓而得到未來的幸福。這種重生不重死的想法，使得我們的喪葬禮俗變得十分怪異：一方面在意親人的死亡，一方面卻又害怕親人的死亡；一方面擔心死亡的不幸，一方面卻又想從死亡中謀取幸福。

2.台灣的喪葬禮俗十分強調因循古禮的必要性，卻又十分重視各地區域的差異性，因此想在尊重地方差異性的同時取得全體一致性的規定，幾乎是不可能的。這就是政府自一九五四年研訂「禮儀規範」到一九九一年修訂「國民禮儀範例」為止，一直無法成功的原因。[26]

3.過去的喪葬禮俗一直強調「死者為大」的觀念，但我們發現這種「死者為大」的想法並非真的尊重死者，而是害怕死者，目的在於將死者從陽間隔離，讓其回歸陰間的存在位置。因此，整個喪葬禮俗的設計都在往這個方向導引。

4.台灣的喪葬禮俗表面看來雖然是在安頓生者與死者，但實際執行上，卻往往以長輩或葬儀社人員的意見為主，反倒是與喪事相關的生者與死者的意見最沒有受到照顧，這種喧賓奪主的作

法值得我們深思。

5.早期的喪禮凡事都要喪家親自參與，現在的喪事則幾乎都是委託葬儀社人員代為辦理。這種委託辦理的結果，不只混淆喪事的對象，讓我們搞不清楚究竟家中死人的是葬儀社還是喪家，而且還讓喪家變成喪事的局外人。這種作法不但無法凸顯喪家對於亡者的孝心，也無法完成喪家本身應盡的哀思。

根據上述課題的反省，我們提出一些改革台灣喪葬禮俗的建議原則條列如下：

1.**生死一體原則**：在過去的喪事處理中，我們發現喪禮一直被定位為凶禮。就是這樣的定位，讓我們把喪事當成一種不幸的事件，甚至認定是人生中最不幸、最倒楣的事件。因此，為了轉化這事件的不幸，過去在喪葬禮俗中設計了不少的禁忌作為轉化的機制。例如，「訂購棺材」一直諱稱「買棺材」，而改稱「買大厝」「買大屋」或「買大壽」「放板仔」「買壽具」，皆取意吉祥也。[27] 還有「壽終正（內）寢」的說法，認為人只要享盡天年，就算是善終，不算是凶死。這種設計的用意，就是「死裡求生」的一種辯證應用。然而，這種想法正好暴露出我們對於死亡的一些理解與盲點，對傳統喪葬禮俗來說，人的生命是有一定陽壽的，一旦人能夠安享天年，那就表示善終。反之，人如果無法過完一甲子的生命，那就表示凶死。這種對生命的看法，恰好反映出死亡的無常與偶然。既然死亡是偶然的，那麼人只要好好的活著，就自然不會受到死亡的侵犯。如果人沒有好好的活著，自然會受到死亡的懲罰而成為凶死。所以，生與死是對反的，前者有正面的價值，而後者則有負面的價值。難怪我們對生死的反應總是「好生惡死」！就是這

種「好生惡死」的態度，讓我們逃避死亡、害怕死亡。不過，死亡是否眞的如此可怖？還是死亡並不可怖，可怖的是我們錯誤的理解？根據海德格（M. Heidegger）的說法，人是向死的存有，人根本無法逃離死亡的命運。所以，死亡不是外在偶然的，而是我們生命中的內在可能性。因此，死亡是不可逃亦無需要逃，不可怕亦無需要怕的。死亡與生命都是我們一生中的一部分，是組成我們的自然事實，對於這樣的事實，我們應以平等的眼光公平地對待，而不應擅加任何不必要的價值判斷。這種去價值化的生死平等觀、一體觀，讓我們不再把焦點放在生死的事實上，而改放在生死意義的了悟上。唯有回到生死一體的本來面目，我們才能系統地形構適合這個時代的新喪葬禮俗模式。

2. **個體化原則**：就過去的喪葬禮俗而言，整個設計的重心都放在家族關係的交代上，認爲所謂的善終，就是圓滿實現上述關係的死亡。例如，從臨終到初終，亡者不但要與祖先話別，還要與家人團聚交代遺言。此外，家屬在辦喪事時，也不能隨自己意思來辦，必須按照禮俗來辦。這種不以亡者與家屬爲中心，而以祖先、後代與禮俗爲中心的喪事，是一種角色錯置的喪事，使得喪家的需求無法得到凸顯與滿足。爲了恢復喪葬禮俗是爲喪家辦喪事的需要而設的本意，我們有必要重新規劃設計相應的喪葬禮俗。

3. **當事人原則**：傳統的喪葬禮俗雖然常常強調「死者爲大」的觀念，彷彿整個喪葬禮俗是爲死者而設計的，但實際上在辦喪事的過程中，我們卻看不到這種觀念落實的痕跡，反而常常見到「家屬爲大」的作法，有如家屬才是喪事的主角。例如，臨終時的搬鋪行爲，表面看來是爲了讓親人在全家最神聖的正廳去

世，好向祖先告別以便成正果。其實未必如此。因爲，過去那個時代，死亡是不能隨便說的。所以，爲了向親人傳達死亡的訊息，只好用搬鋪的行爲告知死亡來臨的事實。此外，更進一步的用意是，親人既然在神明與祖先見證下歡喜往生，未來不但不能由陰間重返陽間糾纏家人，爲家人帶來不幸，還要進一步庇佑家人，爲家人帶來幸福。這種想法與作法都不是把亡者當成主角的安排，而是以家屬（或家族）爲考慮重點的安排。對於亡者而言，死亡成爲自己爲家族犧牲的工具，而非自我成全的工具。因此，爲了讓亡者眞的成爲喪事中的主角，變成是亡者自己的喪事，我們有必要重新設計新的喪葬禮俗。

4. **自主原則**：以往的喪葬禮俗設計固然有在亡者生前提供壽衣、壽棺親自處理的規定，不過，這樣的規定並不是根據亡者自己的意願而來，而是依據禮俗本身的安排。因此，人一旦到達六十大壽的時刻，兒女便會主動準備自己後事所需用到的衣服與棺木，這種準備的用意倒不在於送終，而在於藉著死亡的準備添福添壽。因此，生前的死亡準備並不能凸顯亡者本身的意願，只能傳達禮俗的規定。至於亡者死亡之後有關喪事的處理，亡者就更沒有參與意見的餘地。這種作法完全沒有落實「死者爲大」的想法，有的只是「禮俗爲大」的想法。既然喪事是亡者的喪事，我們當然應該要尊重亡者的意願才是，否則就不是亡者的喪事，而是他人的喪事了。所以，爲了尊重亡者的意願，滿足亡者對自己喪事的需求，我們理應設計符合這個需求的新喪葬禮俗。

5. **參與原則**：就像上述所言，過去的喪禮是以家屬或家族爲中心而設計的，自然沒有亡者參與的意願。不過，在尊重亡者及其意願的情況下，我們當然要把亡者納入自己的喪禮當中，成

為整個喪禮的主角。此外，我們也不能像現在葬儀社人員的作法，無形中讓喪家的家人從喪葬活動中游離出去，彷彿成為不相干的旁觀者。因為，真正要辦喪事的不是葬儀社人員，而是喪家本身。真正要送的不是葬儀社人員的親人，而是喪家的親人。因此，在新的喪葬禮俗規範中，亡者與家屬的共同參與是非常重要的，只有這樣，亡者與家屬才能通過喪事的辦理完成彼此的生死，達到生死兩相安的境地。

在上述五大建議原則的引導下，我們認為台灣喪葬禮俗的改革方式可以有下列幾種型態：

1.**復古型**：這一型的支持者並非不了解喪葬禮俗與時俱變的特質，但是他們更認為今日喪葬禮俗的亂象，主要是來自於後世的增加，如果我們可以將後來增加的部分去掉，恢復古代喪葬禮俗的樸質原貌，那麼喪葬禮俗自然可以恢復過去的功能，完善地達成喪禮應有的五大功能，即盡哀、報恩、養生送死有節、教孝與族群的整合。[28] 所以，對他們來說，喪葬禮俗的流弊不是來自於喪葬禮俗本身，而是來自於工商社會商業化附加的結果。原先傳統的喪葬禮俗本來就是對於死亡的一種完善處理，完全沒有調整的必要。何況，死亡從古至今從來就沒有改變過，人的反應也是一樣。因此，改革的意思並不是調整而是恢復。

2.**改良型**：就這一型的支持者而言，他們不同於復古型的看法，認為今日喪葬禮俗亂象的產生，部分原因固然要歸諸社會工商化以後的添加，部分原因則是過去禮俗本身的不合時宜。因此，面對時代的變遷，喪葬禮俗自然也應該做局部的調整。這種調整主要要調的不是傳統喪葬禮俗的本質部分，而是不合時

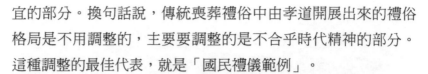

宜的部分。換句話說，傳統喪葬禮俗中由孝道開展出來的禮俗格局是不用調整的，主要要調整的是不合乎時代精神的部分。這種調整的最佳代表，就是「國民禮儀範例」。

3. **認知型**：這一型的支持者認為今日喪葬禮俗亂象的產生，固然一方面是來自社會工商業化的附加，一方面則來自於傳統喪葬禮俗的不合時宜，更重要的是，來自於一般民眾的無知與葬儀社人員的不夠專業。如果我們想要針對上述亂象進行改善，那麼只是研發出一套新的喪葬禮俗是不夠的，還要進一步教育民眾與葬儀社人員，讓大家了解整個喪葬禮俗的禮器、禮文（儀）與禮義。唯有如此，我們才能了解喪葬禮俗的本意，也才能達成喪葬禮俗原先想要的目標。否則，在知其然而不知其所以然的情況下，就算整個喪葬禮俗做了許多調整，也難逃易受誤導的形式化命運。

4. **自主型**：對於這一型的支持者而言，喪葬禮俗有沒有亂象不是重點，喪葬禮俗需不需要改革也不是重點，重點是喪葬禮俗有沒有滿足我們的需求。一旦能夠滿足我們的需求，那麼這種喪葬禮俗就沒有改變的必要。如果這種喪葬禮俗不能滿足我們的需要，自然會形成改革的需求。不過，這種說法並不是針對目前無知的現況，而是針對未來深入喪葬禮俗本身意義且能自覺本身需求的自主人士而言。只有這種能夠自覺自己喪葬需求的人，才能真正抉擇自己需要的喪葬禮俗。也只有在這種情況下，他們自我安排的結果才能合乎他們自己的喪葬需求。所以，對這一型的人而言，沒有所謂固定的喪葬禮俗，也沒有不能創新的喪葬禮俗，一切都要看自己個人的具體需求而定。究竟來說，這種處理喪葬的方式不是單純處理死亡的方式，而是透過死亡的處理完成生命的方式。換句話說，這一型的處理方

式就是透過生死意義的個人了悟，去安排個人生死的儀式，且通過這種儀式的實踐去成就自己的生命。

✚ 第五節　結論

總結上述的探討，我們發現今日台灣喪葬禮俗最大的亂源，其實不在於葬儀社人員的有意誤導或任意添加，而在於民眾的無知或強不知以為知。就無知的情況來說，由於民眾的無知，因此完全聽從葬儀社人員的假專業安排，毫無辨別的能力。結果不單單自己的權益受損，也助長了葬儀社人員的假專業風氣。就強不知以為知的情況來說，有許多地方的長者或家族中的長輩，常常喜歡以自己過去有過的一些辦喪事經驗來決定喪事該如何辦理，結果對於不清楚或無知的部分也強加決定，導致葬儀社人員將錯就錯地辦完喪事，造成更多誤導的現象。所以，在面對台灣喪葬禮俗的亂象問題，我們第一個要做的事，不是去制定什麼標準的喪葬禮俗模式，而是要喚醒民眾對於喪葬禮俗的關懷與認知。只有當大家都關心喪葬禮俗的問題，且對喪葬禮俗的本意有基本程度的理解，這時再來談參考模式的制定才不會落空。否則，即使定出了一套標準喪葬禮俗模式，人們也很難接受。因為，對他們而言，無論接受哪一套結果都一樣。也就是說，在沒有認知作為基礎的情況下，所接受的東西都只是一套強制的規範，與他們的真實喪葬需求無關。所以，讓大家對喪葬禮俗擁有基本的認知，是整個喪葬禮俗改革的第一步。

在完成第一步的同時，我們可以接續第二步的工作，就是訂定喪葬禮俗的參考範本。不過，這種訂定不是將過去既有的喪葬禮俗照本宣科的原版照抄，而是要依據時代的特色，系統地編訂一套簡明實用

的喪葬禮俗模式。這一套模式可以參考李咸亨先生主持的《台北市未來殯葬設施之整體規劃》中，有關「端正殯葬禮俗」的六大方向，將「禮義化、專業化、樸素化與莊重化、環保化、平等化、溫馨化」系統地整合於喪葬禮俗當中。如此一來，民眾在認知的基礎上，就可以有一套合乎時代需求的喪葬禮俗模式作為對照參考之用。

　　但是，如果我們只是做到第二步，那就表示台灣喪葬禮俗的改革工作尚未全部完成。因為，僅止於第二步，表示我們的喪葬禮俗仍停留在抽象規劃的境地，尚未具體落實到喪家中的亡者與家屬心中。因此，為了讓喪事成為自覺的喪事、自主的喪事，我們必須進入第三步的工作。所謂第三步的工作，就是喪家自我決定喪葬禮俗的模式。無論這種模式多麼奇特，只要這種模式是屬於喪家自覺的決定，能夠滿足喪家的治喪需求，且能藉此圓滿自身生死的意義，我們都應樂觀其成。到了這樣的境地，台灣喪葬禮俗的改革工作才算圓滿成功，也只有到達這樣的境地，台灣喪葬禮俗的改革要求才能永遠不再出現。

註 解

1 內政部編印，《禮儀民俗論述專輯（第四輯）──喪葬禮儀篇》
（台北：內政部，1994），頁284。

2 同註1，頁285。

3 江慶林主編，《台灣地區現行喪葬禮俗研究報告》（台北：中華民
國台灣史蹟研究中心，1983），頁127-129。

4 同註3，頁130-131。

5 同註3，頁132。

6 徐福全主持，《台北縣因應都市生活改進喪葬禮儀研究》（台北：
台北縣政府，1992），頁26。

7 同註6。

8 同註6，頁24-25。

9 同註6，頁1。

10 李咸亨主持，《台北市未來殯葬設施之整體規劃》（台北：台北市
殯葬管理處，1997），頁9。

11 同註10，附冊一：喪葬禮俗的改善規劃及問卷分析，頁2-6。

12 同註11，頁6-8。

13 同註11，頁8-9有關「端正殯葬禮俗」的說法。另見楊炯山著，《殯
葬禮儀》（新竹：竹林書局，1998，增訂本），頁5-10有關「禮的
要件」的說明。

14 陳運棟編著，《台灣的客家禮俗》（台北：台原，1999），頁
209。

15 黃文博著，《台灣冥魂傳奇》（台北：台原，1994），頁15。

16 同註13之2，頁26。

17 陳瑞隆編，《慎終追遠──台灣喪葬禮俗源由》（台南：世峰，1997），頁6。

18 同註17，頁7，亦見徐福全著：《台灣民間傳統喪葬禮儀研究》（台北：徐福全，1999），頁31-32。

19 同註17，頁39。

20 同註16，頁51-52。

21 同註3，頁65。

22 同註3，頁32。又同註16，頁65-66。

23 同註16，頁31。

24 同註3，頁33。

25 同註3，頁39。

26 同註1，頁318-320。

27 同註17，頁258。

28 同註16，頁11-15。

第四章 從殯葬處理看現代人的悲傷輔導

✚ 第一節　前言

就傳統禮俗的角度而言，殯葬處理應當包括臨終、初終、殮、殯、葬與祭等六個部分。但是隨著社會變遷，有關殯葬處理中的殮、殯、葬與祭的部分，開始委由家族以外的殯葬人員處理。那麼，為什麼這種委外處理的部分會限制在殮、殯、葬與部分的祭，而不包括臨終、初終與其餘祭的部分呢？

對於這個問題，一般的說法主要集中在死亡的禁忌上。[1] 對於過去的人而言，殯葬人員代表的是死亡的化身，如果一個人在還沒有死亡之前，就讓處理殯葬事宜的殯葬人員進入家中，這就表示死亡即將到來。此時，不只是我們家中瀕死的親人會有不好的感受，彷彿我們在詛咒親人，希望他們早一點死亡，也會讓左鄰右舍有不好的觀感，認為我們對於親人不孝，希望他們早日歸西。因此，為了避免上述的問題發生，有關殯葬處理的部分，我們只同意讓殯葬人員介入到殮、殯、葬與部分的祭儀，而不願意讓殯葬人員介入到臨終、初終與其餘祭的部分。

除了上述有關死亡禁忌的原因外，另外還有一個很重要的原因，就是一般人對於死亡處理的看法。對他們而言，死亡不僅是社會的公眾事務，也是私人的家務事。就公眾事務的部分來看，這是可以委由外人處理的。例如，有關殮、殯、葬與部分的祭儀。其中，殮、殯、葬的部分是屬於遺體處理的部分，須由專業的殯葬人員處理。部分的祭儀則屬於宗教的範疇，須由專業的宗教人士處理，殯葬人員只是居中安排。就家務事的部分來看，這是不能委由外人處理的，只能交由喪家自行處理。例如，有關臨終、初終與其餘祭的部分。因為，對於

喪家而言，送終與祭祀都是屬於自己家人的事，只有親自參與，才能表達自己對於親人的情感與圓滿彼此之間的關係。

在這種有關殯葬處理的死亡禁忌與公私事務看法的影響下，殯葬人員只能從事殮、殯、葬與部分的祭的處理。問題是，對於喪家而言，有關殮、殯、葬與部分的祭的處理只是整個殯葬處理的一部分。更重要的是，有關家屬與亡者之間的情感與關係斷裂問題的解決，因為，這才是整個死亡事件當中眞正要處理的問題。至於亡者遺體的處理，只是解決問題過程的一個具體象徵。所以，對殯葬人員而言，殯葬處理不僅是協助家屬處理亡者的遺體，更是協助家屬解決他們與亡者之間的情感與關係斷裂的問題。[2]

既然如此，這就表示殯葬處理不能只是亡者遺體的處理，而必須針對家屬與亡者之間的情感與關係斷裂的問題加以協助解決。對於一般人而言，這樣的問題可以分從兩方面來協助解決：一方面是從死亡尙未發生的角度來處理，另一方面是從死亡已經發生的角度來處理。就前者而言，這種處理的方式是屬於事先預防的性質。就後者而言，這種處理的方式是屬於事後輔導的性質。無論是前者或後者，這些都屬於悲傷輔導的範圍。由於社會變遷，我們不再生存於家族之中，而在目前的家庭結構中，一般人無能處理這些悲傷輔導的問題。因此，在台灣的「殯葬管理條例」當中，才會將悲傷輔導的部分列為禮儀師的服務項目之一。如此一來，禮儀師不但要協助處理亡者的遺體，還要協助解決亡者與家屬之間的情感與關係斷裂的問題。那麼，禮儀師要怎麼做才能達成悲傷輔導的效果呢？

第二節　傳統殯葬處理中的悲傷輔導作法

　　在討論禮儀師要如何做才能達成悲傷輔導的效果的問題之前，我們需要先行了解傳統殯葬處理是如何面對悲傷輔導的問題。就傳統的殯葬處理而言，整個過程包括六個部分：臨終、初終、殮、殯、葬與祭。對於這六個部分，過去一直有一種理解，就是認為臨終與初終的部分是屬於臨終關懷的部分，殮、殯、葬的部分則是屬於遺體處理的部分，祭的部分則是屬於悲傷輔導的部分。[3] 不過，這種理解方式似乎太過機械式了，無法真正反應整個殯葬處理的動態特質。因此，我們不再用分段切割的方式理解整個殯葬處理的過程，而將整個殯葬處理的過程當成一個動態的整體。除了將臨終與初終當成臨終關懷的部分外，也將臨終與初終當成悲傷輔導的部分，更將殮、殯、葬與祭也當成悲傷輔導的部分。換句話說，整個殯葬處理的過程均為悲傷輔導所貫穿。

　　根據上述的理解，我們先從臨終與初終的部分看傳統禮俗是如何提供悲傷輔導的。就臨終的部分而言，傳統禮俗提供的作法是，當臨終者處於彌留狀態時，就先將臨終者從寢室移往正廳，謂之為拼廳或搬鋪。這種從寢室移往正廳的作法，一方面固然是為了提醒親人臨終的來臨，表示即使死亡了，也是死得其所；一方面則是為了讓家屬有所準備，知道親人已經即將進入死亡的境地，免得一時之間無法接受親人的死亡。[4] 這種拼廳的作法是屬於事先預防性的悲傷輔導之一，讓臨終者與家屬可以避免死亡的突然衝擊，而能有較為緩衝的時間面對死亡。

　　除了拼廳的作法之外，傳統禮俗還提供交代遺言的作法，讓臨終

者在死亡之前，可以向其家屬交代遺言。這樣的作法，一方面可以讓臨終者覺得自己對於應盡的責任都已經盡了；一方面也讓家屬覺得該傳承的遺志都已經傳承了。就臨終者而言，一個人能夠善盡本分的過了一生，最後在道德上能夠有個圓滿的交代，就是一件值得含笑九泉的事，也是傳統所謂的善終。在這種彼此都沒有遺憾的情況下離去，是一種很好的悲傷輔導。就家屬而言，親人能夠交代遺言，而自己能夠守在身邊繼承，就表示自己已經盡了該盡的責任，也讓親人能夠無憾的離開，代表彼此都已經圓滿的盡了自己的本分。這種圓滿傳承的作法，也是一種很好的悲傷輔導。

此外，一旦死亡來臨時，即初終的階段，傳統禮俗會採取招魂的作法。[5] 這種作法的用意，一方面在於表示家屬對於亡者的不捨，不希望親人就此離去，從此天人永隔；一方面則是提供亡者一個重返人間的機會，讓家屬知道亡者的離去是不得已的事情，屬於難違的宿命。透過上述的作法，傳統的招魂在悲傷輔導上傳遞了亡者與家屬彼此都沒有遺棄對方的意思，因而彼此都不需有所謂的罪惡感。

其次，我們就殮、殯、葬的部分來看傳統禮俗的悲傷輔導作法。從殮的部分來看，其中有關淨身與入殮的部分，具有相當強烈的悲傷輔導意味。根據傳統禮俗的作法，在殮的階段，不但要有乞水的儀式，更要用此水淨身，讓亡者獲得新生。[6] 此中蘊含的悲傷輔導作用是：一方面讓亡者經由此水的淨身，產生除垢還淨的效果，表示亡者一生的污穢不再存在，重新獲得生命真實的純淨；一方面讓家屬經由此一淨身的過程，協助亡者完成此世生命的純淨，表示自己盡了該盡的心力。

至於入殮的部分，傳統禮俗的作法是藉由家屬的協助，將已經整裝好的亡者移置於棺木之中。透過此一移置的過程，讓家屬與亡者產生隔離的效果。藉著棺木的隔離，一方面讓家屬初步了解亡者不再有

死而復生的可能，進而接受親人已死的事實；一方面讓家屬與亡者的情感得到進一步的阻隔，淡化家屬與亡者的情感關係，產生心理上自我調適的效果。[7]

就殯的部分而言，其中有關守靈與告別式的部分，也具有強烈悲傷輔導的意味。就守靈的部分來看，此一傳統禮俗的作法是採取家屬陪伴亡者的作為。[8] 藉著此一作為，一方面可以產生空間上的緊密效果，表示家屬與亡者的長相廝守，難以分離；一方面可以產生時間上的盡心效果，讓家屬能夠有時間慢慢調整適應亡者即將遠離的事實。

就告別式的部分來看，此一傳統禮俗的用意，除了讓亡者有機會可以向世人告別外，更重要的是，讓世人見證家屬與亡者的情感與關係。藉著這樣的告別，一方面使得家屬對於失去亡者的悲痛情緒，能夠有一個公開宣泄的機會，並贏得整個社會的認同，表示整個死亡事件的衝擊不是只屬於家屬本身，同時也是整個社會的事情；另一方面讓家屬清楚，此次告別代表的是，家屬與亡者之間人間情感與關係的正式斷絕，進而促使家屬的情感產生進一步的調整。

就葬的部分而言，其中有關下葬與返主的部分，也具有強烈的悲傷輔導意味。就下葬的部分來看，表面的作為雖然是掩埋亡者的遺體，但是實際上卻在於告知家屬亡者永遠離開人間的事實，讓家屬在接受這個事實的同時調整自己的心情，得知從此以後，彼此之間不再能夠長相廝守，只能長相憶。

就返主的部分來看，此一傳統禮俗的作為不是單獨的設計，而是配合上述下葬的設計。後者的部分是要家屬徹底接受親人的死亡，不再對親人的重生心存任何不切實際的想法。但是，在接受親人永遠逝去的事實之後，家屬的思念之情並沒有因此消失，反而會因為心情無所掛搭更形強烈。為了讓這份思念之情能夠有所寄託，所以在下葬之後，進一步藉著返主的禮俗作法，表示親人的魂神並沒有隨著肉體下

葬而消失，而是跟隨著家屬回返祖先的牌位，一家人重新團聚，表示家人的情感與關係在本質上並沒有隨著死亡的發生而改變，改變的只是彼此相處的方式，從人間的具體相處變成天人之間的心靈往來。

最後，我們從祭的部分來看傳統禮俗的悲傷輔導。在一般的理解中，祭禮通常指的是整個殯葬處理的最後階段。不過，就死亡事件發生的整體意義而言，一旦死亡發生之後，家屬與亡者之間的關係就開始有了轉變，彼此之間從人鬼的關係慢慢轉向人神的關係。經由這種關係的轉變，在悲傷輔導上可以產生正面輔導的效果，神聖化家屬與亡者之間的關聯。這種傳統禮俗的作法，主要反應在做七、做百日、做對年與做三年上。

就做七的部分而言，做七雖然可分七個七，但是最重要的是頭七與滿七。至於中間的七，則是針對家族的需要而設的。就頭七的部分來看，一般民俗的說法是，亡者會利用第六天半夜返家，一方面確認自己的死亡，一方面與家屬做人間最後的告別。[9] 根據悲傷輔導的說法，則是家屬藉著頭七的儀式訴說自己對於親人的思念之情，希望親人能有回轉的可能，就算不能回轉，也要回來做最後的惜別，表示彼此關係並沒有被死亡破壞掉，而仍能繼續維持原先的親密之情。

就滿七的部分來看，根據佛教的說法，是亡者投胎轉世的日子，表示亡者不再受中陰階段的折磨，已經有個明確的去處。對家屬而言，此時如果可以藉由宗教的力量，協助家人脫離輪迴的苦難，或轉生更好的來世，會是心情上的最大慰藉。

就中間的七的部分來看，其中雖然有大七與小七之分，但是依媳婦、女兒與姪女的分配狀況，就可得知此一分配的用意，在於讓家族中的其他成員亦有機會可以參與祭祀超渡的行列。[10] 根據悲傷輔導的說法，這種分配表達的是一種家族輔導的作法。

就做百日的部分而言，根據傳統禮俗的說法，百日約當三個月

下葬後的虞祭。對於家屬而言，下葬之日是家屬與亡者天人永隔的決定日子，因而在心情上是最為低沉沮喪的時刻。[11] 但是在虞祭之後，由於亡者已經回歸祖先的牌位，表示彼此之間又重回一家人的關係，因此在心情上由失落轉回踏實，絕望轉向希望。此外，根據道教的說法，凡是亡者在地獄中，每十日必須經過一殿的審判，總共經過十殿百日的審判，亡者就須投胎轉世。因此，藉著宗教儀式的協助，家屬希望親人能夠擁有更美好的來世，也好讓自己安心繼續沒有親人陪伴的新生活。

就做對年的部分而言，根據傳統禮俗的說法，做對年其實就是所謂的小祥，表示亡者死後的一週年祭。由於經過了一年時間，家屬對於亡者的傷痛之情雖然已經減輕，但是在重新碰觸傷口時，仍會產生強烈的喪親回憶。[12] 因此，為了避免過去喪親傷口重新發炎，家屬可以藉著宗教儀式的幫助，一方面祝福親人擁有更美好的來世；一方面轉化自己的悲傷之情，朝向更有希望的未來。

就做三年的部分而言，根據傳統禮俗的說法，做三年其實就是所謂的大祥，表示亡者死後的兩週年祭。由於經過了兩年時間，家屬對於亡者的傷痛之情大體已經平復。[13] 此時，為了確認家屬與亡者之間的情感與關係，一方面需要透過做三年的儀式予以總結，表示亡者真的成為祖先的一員，不再存在於人間；一方面經由此一總結恢復生活的秩序，展開新的生活，表示亡者以祖先的身分參與家人的生活，成為家人能夠活得更好的正面動力。

總結上述的探討，我們可以看到整個傳統禮俗的重心，在於解決家屬與亡者之間因為死亡所帶來的感情與關係的斷裂問題。此種化解的方式，其實整體而言就是一種悲傷輔導的方式。雖然過去並沒有所謂的悲傷輔導的說法，不過從傳統禮俗的整體設計與安排而言，可以看到很完整的悲傷輔導的作法。尤其是，將家屬與亡者之間的情感與

關係斷裂的問題，當成傳統禮俗所要解決的核心，更能凸顯悲傷輔導的取向。此外，傳統禮俗在處理悲傷輔導的問題時，更採取依時間與心情的進程漸進處理的策略，逐步調整家屬的心情。最後，更透過容納亡者於家人的生活中，成為重啟家人邁向新生活的動力，完成繼往開來的任務。

第三節　社會變遷所衍生的悲傷輔導問題

　　在了解傳統禮俗有關悲傷輔導的作法之後，我們發現傳統禮俗對於家屬喪失親人所產生的情感與關係的斷裂問題，有相當深入的了解與解決。既然如此，那麼我們只要按照這樣的處置方式，就可以解決今天有關喪親所帶來的悲傷問題。但是，情況似乎沒有表面看到的那樣單純。因為，這牽扯到整個社會變遷的問題。換句話說，由於社會變遷的關係，導致整個傳統禮俗失去了應有的功能，讓傳統禮俗無法再擁有原先的悲傷輔導功能。

　　首先，我們就社會變遷對於傳統家族的衝擊談起。傳統的家族是社會構成的基本單位，雖然家庭本身從表面看來像是一個獨立於家族之外的單位，但是家庭並不是一個完全獨立的單位，而是附屬於家族當中，作為整個家族的一部分。因此，家庭是依循著家族的軌跡而運作的。在這種情況下，一旦家庭中有什麼重大的事件發生，如死亡的事件，通常不是由家庭自行處理，而是由家族中的族長或最高輩分的人負責統籌。所以，家庭中的大事就是家族中的大事，一切都得聽命於家族。

　　問題是，這種情況到了當代就有了很大的轉變。此時家族開始沒落，家族中的家庭開始一個個獨立出去，不再受制於家族的指揮。

有的家庭雖然在形式上還是承認自己為家族的一員，但是在實際上卻已經不再服從於家族的命令。有的家庭則完全獨立於家族之外，與家族無關。這種家族關係的轉變，使得家庭在面對重大事件時，如死亡的事件，不再像以前一樣，可以依附於家族之下，由家族加以協助處理，而只能完全依靠自己，自行獨立承擔。

其次，我們就上述的衝擊探討傳統禮俗傳承的問題。就傳統而言，家族是一個人從生到死所依存的場所，也是一個人學習文化最重要的場所。但是，這並不表示從生到死的一切知識與技能都可以直接在家族中學到。例如，有關殯葬知識的部分，殯葬處理技能的部分。這些與死亡有關的知識與技能，一般來說，是屬於文化禁忌的部分。因此，在一般的日子裡，不但不能談論這一方面的話題，更不可以出示相關的器物。那麼，我們在什麼情況下，才有可能傳承殯葬相關的知識與技能呢？就傳統而言，這些相關知識與技能的傳承只能在有死亡事件發生的時候。換句話說，一般人在學習有關殯葬的知識與技能時，是從實際的殯葬處理中而來。透過這種做中學的方式，慢慢從實際的經驗中學會殯葬相關的知識與技能。

然而，在家庭取代家族之後，這種學習方式受到了極大的破壞。由於家庭從家族中獨立出來，原先依憑的學習方式頓時失去了憑藉，轉而從學校教育學習知識與技能。可是，這種轉向並沒有破除傳統的文化禁忌，將與殯葬有關的知識與技能納入學校教育當中。因此，我們不但在家庭教育中看不到有關殯葬相關知識與技能的傳承，在學校教育中也看不到。在這種傳統禮俗失去傳承管道的情況下，一般人對於傳統禮俗的內容自然一無所知，更不用說對於含藏其中的悲傷輔導作法有所認識與懂得如何運用了。就是這種對於傳統禮俗的無知或一知半解，使得我們陷入傳統禮俗的形式主義當中，忘卻了整個傳統禮俗所要解決的核心問題，是頗富悲傷輔導意味的家屬與亡者之間的感

情與關係的斷裂。

　　最後，我們就上述的衝擊探討傳統禮俗的運作問題。就傳統而言，當一個家庭發生類似死亡的重大事件時，這個事件不單是家庭的重大事件，更是家族的重大事件。因此，在處理上不能由家庭獨立做主，而必須交由家族決定處理。這樣處理的結果，表面上雖然讓整個死亡事件不再專屬於家庭，彷彿家庭失去了自身的主導權，但是整個死亡事件的家族化，相對地也帶來了許多好處。例如，殯葬花費的相關負擔就可以有效的減輕，由整個家族共同承擔；殯葬處理的人力負擔，也可以由家族統一承擔；殯葬過程所衍生的情感壓力，也可以在家族的相互支持與安慰之下得到有效的化解。所以，在家族總動員的前提下，整個傳統禮俗的運作顯得十分順暢，其中的悲傷輔導的作法也產生極大的效果。

　　可是，這種傳統禮俗所產生的悲傷輔導效果，在家庭取代家族以後，就有了很大的改變。對於家族而言，由於家族具備了充分的人力與關係，可以十分有效的協助處理殯葬相關事宜，因此可以將傳統禮俗中的悲傷輔導作法發揮得淋漓盡致。然而，在人力有限的家庭當中，傳統禮俗就無法產生上述的悲傷輔導效果。因為，在整個殯葬處理的過程中，一方面需要極大的人力，共同完成整個傳統禮俗的程序，藉著共同參與，達成相互扶持的效果；另一方面需要親密的關係，讓整個傳統禮俗在運作的過程中，傳達一種共融共存的關係，這樣才能表示整個家族的一體性。唯有在一體的情況下，整個傳統禮俗才能產生上述悲傷輔導的效果。因此，根據目前家庭的現況，傳統禮俗是無法予以如實的運作，其中應該有的相互扶持與安慰的悲傷輔導效果，自然也無法呈現出來。

　　綜合上述的探討，我們發現社會變遷的結果，不但讓傳統禮俗的傳承出了問題，也讓傳統禮俗的運作出了問題。隨著傳承問題的出

現，有關傳統禮俗悲傷輔導的作法的認識也出了問題。一般人對於傳統禮俗中悲傷輔導的部分，已經沒有認識的能力。在沒有能力認識的情況下，當然就無法深入傳統禮俗有關悲傷輔導的作法，也無能了解含藏其中的深意。此外，隨著運作問題的出現，有關傳統禮俗悲傷輔導的實踐也出了問題。因為，現有的家庭不再具有過去家族中的那些人力，因而無法負荷整個傳統禮俗的實踐；同時，即使可以找到足夠的人力，也無法找到像家族中那樣的親密關係，所以無法實踐出相互支持與安慰的悲傷輔導效果。

第四節　現有殯葬人員的悲傷輔導作為

　　根據上述的了解，家庭取代了家族成為社會的基本單位。這種取代不只是單純的存在取代，也是一種學習管道的取代，更是一種處理方式的取代。透過這樣的取代，有關殯葬處理的知識與技能失去了傳承的管道，也失去了實際運作的基礎。因此，有關殯葬處理的任務就不再由家庭直接負責，而改由專業的殯葬人員接手。對於殯葬處理中所要面對的家屬與亡者之間的情感與關係的斷裂問題，也因為家庭本身已經無能處理，遂從家族本身轉而交由殯葬人員負責。那麼，殯葬人員如何解決殯葬處理中的悲傷輔導問題？

　　對於這個問題，我們可以分從兩個方面來談：一個是傳統殯葬業者；一個是企業化的殯葬業者。就傳統殯葬業者而言，他們處理殯葬事務的作法，基本上是依照社會現有的分工來做的。根據社會現有的分工，臨終與初終是屬於家屬自己要處理的部分。至於殮、殯、葬的部分，其中的殮，無論是小殮或大殮，過去是以家屬自己處理為主，但是在死亡禁忌的影響下，現在大都交由殯葬人員代為處理；其中的

殯，現在的作法不是在家搭棚，就是在殯儀館或太平間辦理，有關守靈與祭拜的部分，已經有越來越多的人交由殯葬人員代為處理，而靈堂與奠禮堂的相關布置，幾乎都由殯葬人員負責；其中的葬的相關事務則完全交由殯葬人員處理。有關祭的部分，除了儀式部分交由宗教人士處理外，接洽安排的事項通常是由殯葬人員負責的。

　　整個來說，我們可以說殯葬人員幾乎承包了死亡以後的大部分殯葬事務。既然如此，殯葬人員也應提供相關的悲傷輔導。但是，由於殯葬人員將自己定位在與遺體處理有關的殮、殯、葬上面，所以他們認為與悲傷輔導有關的祭並不屬於服務的範圍。不但如此，由於他們不了解傳統禮俗中的悲傷輔導作法，因此有關殮、殯、葬中傳統禮俗的悲傷輔導效果，自然也無能予以實現。換句話說，傳統殯葬業者認為所謂的殯葬服務，就只是與遺體處理有關的服務，與傳統禮俗安排與實踐有關的服務。至於傳統禮俗中與悲傷輔導有關的部分，無論是殮、殯、葬或祭，都不屬於他們服務的範圍。[14]

　　就企業化的殯葬業者而言，他們的服務範圍雖然也是與傳統殯葬業者一樣，以現有的社會分工為主。不過，為了凸顯整個服務的完整性，他們突破了現有社會分工的限制，把臨終關懷或臨終諮詢的部分納入殯葬服務當中。此外，他們還把與悲傷輔導有關的後續關懷也納入殯葬服務當中。這種服務範圍的擴充與完整化，主要是因應生前契約的出現。因為，對企業化的殯葬業者而言，生前契約是生者在死亡之前就預先購買的殯葬產品，如果沒有提供生者死亡前的相關服務，那麼消費者就會缺乏購買的動機。因此，為了讓消費者產生動機，在整個殯葬服務過程中，就必須加上臨終關懷或臨終諮詢的服務，亦即介入臨終與初終的部分，這樣才能產生競爭優勢，使得生前契約有機會攻佔死亡消費市場。除此之外，為了增加後續的客源，讓企業能夠永續經營，企業化的殯葬業者進一步將後續關懷的部分也納入殯葬服

務中，以建立公司的口碑。所以，對於企業化的殯葬業者而言，他們之所以把與悲傷輔導有關的後續關懷納入殯葬服務中，雖然最優先考慮的，不是家屬本身有關感情與關係斷裂問題的人性解決，而是公司增加客源永續經營的商業需求，不過，這種作法也等於間接將悲傷輔導帶入殯葬服務當中。

然而，這樣的作法，並不代表企業化的殯葬業者已經對於殯葬處理中的悲傷輔導有了很好的認識。其實嚴格來講，企業化的殯葬業者對於悲傷輔導的認識還停留在商業噱頭的階段，並沒有超越傳統的殯葬業者太多。對他們而言，所謂的後續關懷並不是提供實質上的悲傷輔導，而是提供諮詢、安排與通知的服務。這種服務的內容主要包括：剩餘費用的結清，客戶滿意度調查，做百日、做對年與做三年的諮詢、安排與通知。[15] 其中，可能與悲傷輔導有關的後續關懷，只有做百日、做對年與做三年的諮詢。可是，這裡的諮詢基本上是屬於相關作業內容的諮詢，而不是屬於悲傷輔導層面的諮詢。因此，這種後續關懷其實只是一種增強商業競爭力的手段，而不是真正的悲傷輔導作法。至於臨終關懷或臨終諮詢的部分，由於服務的內容是以財物的處理為主，因而也看不出具有何種悲傷輔導的意義。另外關於殮、殯、葬的服務過程，實際上也不見得就比傳統殯葬業者的作法具有更多的悲傷輔導意義。

如此一來，我們是否可以斷言，現有的殯葬業者都沒有滿足殯葬處理中的悲傷輔導需求？對於這個問題，如果我們根據上述的探討，的確可以下一個否定的判斷。不過，這不代表我們的殯葬服務人員欠缺關懷喪家的心意。其實，在實際的殯葬服務當中，有的殯葬人員真的具有非常強烈的悲傷輔導特質，讓喪家得到甚深的慰藉。雖然如此，這種特質仍然只是殯葬服務人員的個人人格特質，而不是屬於殯葬服務的正式環節。對於殯葬服務而言，悲傷輔導的相關服務依舊屬

於體制外的服務。所以，爲了讓悲傷輔導的服務眞正進入殯葬服務當中，我們有必要將悲傷輔導的內容正式融入殯葬服務裡。唯有如此，我們才有可能幫助喪家解決家屬與亡者之間的情感與關係斷裂的問題，深入整個殯葬服務的核心，圓滿實踐殯葬服務的功能。

✚ 第五節　禮儀師應有的悲傷輔導服務

經過上述的反省，我們發現現有的殯葬服務雖然部分已經具有悲傷輔導的名目，卻缺乏悲傷輔導的實質。如果我們眞的想要將悲傷輔導的服務納入殯葬服務當中，那麼就必須將悲傷輔導的相關內容與作法融合到殯葬服務裡。特別是，根據台灣現有的「殯葬管理條例」對於禮儀師服務項目的規定，悲傷輔導是一個很重要的項目。但是，關於悲傷輔導應如何加入殯葬服務當中，並沒有明確說明。所以，我們有必要針對這個問題加以探討，這樣才不會讓悲傷輔導如此有意義的作爲變成一個空洞的宣傳口號。

關於這個問題，我們可以分成三個方面來看：第一個是臨終關懷的悲傷輔導部分；第二個是殮、殯、葬禮俗執行過程的悲傷輔導部分；第三個是與祭有關的後續關懷的悲傷輔導部分。

就臨終關懷的悲傷輔導部分而言，臨終關懷一般指的是對於臨終者尚未死亡而處於臨終狀態的關懷。通常，我們會認爲處在這個狀態中的家屬應該是沒有悲傷的。因爲，此時的家屬基本上是處於非常緊張的救治與照顧的情境中。雖然如此，一旦家屬處於忙碌之餘的間歇階段，對於親人可能離去的恐懼與憂傷就會悄悄湧上心頭。這時的家屬就會處於悲傷的狀態當中，所以我們不能忽略及時提供預防性的悲傷輔導的必要。

那麼，禮儀師在這裡可以提供何種悲傷輔導的服務？針對臨終者家屬對於臨終者可能離去的反應，我們建議禮儀師應當提供下述幾個方面的服務：第一、作爲臨終者家屬的支持者，如利用聊天的機會，讓臨終者的家屬藉著情緒的傾吐，調整自己的心情，使禮儀師成爲可能的精神支柱。第二、作爲臨終者家屬的諮詢者，如透過臨終者家屬對於死亡的詢問或喪禮的詢問，提供相關的知識與意義，讓臨終者家屬覺得可以安心的面對親人的死亡，與放心的將親人的身後事交給禮儀師來辦理。第三、作爲臨終者家屬的解決問題的協助者，如對於臨終者家屬所產生的問題，像經濟的問題，幫忙尋找可能解決的資源與管道，協助解決問題，使得臨終者家屬可以不用擔心親人死亡後所產生的經濟問題。

就殮、殯、葬禮俗執行過程的悲傷輔導而言，整個相關禮俗的執行過程，其實不只是單純的處理遺體而已，還包括家屬與亡者之間的情感與關係的轉換問題。因此，在整個執行的過程中，禮儀師不能只是行禮如儀的將整個禮俗的相關儀式做完，也不能只是要家屬做單純動作式的配合，而需要讓家屬了解相關禮俗儀式的意義以及含藏其中的悲傷輔導意義，進而調整自己的心情，轉換自己和亡者的關係。

那麼，禮儀師在這裡可以提供何種悲傷輔導的服務？首先，禮儀師可以擔任禮俗意義的講解員，如講解禮俗處理過程中所代表的情感的轉折階段，以及整個喪禮過程所象徵的生死關係的變化。其次，禮儀師可以擔任禮俗動作的引導者，如告訴家屬在整個喪禮過程中應當如何動作，這樣的動作目的何在，如何才能達成這些動作的效果。最後，禮儀師可以擔任禮俗程序的規劃者，如家屬不接受傳統的禮俗，認爲自己對於喪禮的處理有一些個人的想法，那麼禮儀師可以根據個人的需求規劃一套喪禮，讓家屬可以依照自己家人的意願舉行喪禮，這種符合自己心意的喪禮，也可以具有悲傷輔導的效果。

　　就與祭有關的後續關懷的悲傷輔導的部分而言，祭主要指的是做百日、做對年與做三年。過去，由於整個喪禮的進行是有一定的時程做配合的，因此比較容易產生傳統禮俗所要達成的悲傷輔導效果。但是，今天的殯葬處理與往昔不同，整個喪禮的過程被大量壓縮，以至於大部分的台灣喪禮都濃縮至兩星期以內。所以，其中有關做七的祭、做百日的祭、做對年的祭、做三年的祭，不是遭到壓縮，就是遭到簡化。這種壓縮或簡化的結果，就失去了整個步調的配合。再加上整個儀式過程的行禮如儀化，使得整個與祭有關的後續關懷無法產生真正的悲傷輔導效果。因此，為了讓家屬在親人身後事處理完之後，能夠儘可能的解決有關家屬與亡者之間的情感與關係斷裂的問題，禮儀師有必要重新思索如何落實上述與祭有關的悲傷輔導作法。

　　關於這個問題，我們建議禮儀師可以有下述的一些想法與作為：第一、作為後續關懷的規劃者，如祭應該包括哪些，這些祭要找誰來做，要用何種儀式，用哪一部經典。第二、作為後續關懷的諮詢者，如讓家屬了解相關祭的內容為何，意義為何，在宗教上有何作用，這樣家屬就會知曉自己為何要有這樣的作為，意義何在。第三、作為後續關懷的引導者，如告訴家屬在祭的過程中應該做哪些動作，做這些動作的意義為何，要抱持什麼樣的態度來參與，個人的心情應當如何的調整。

✚ 第六節　結論

　　總結上述的探討，我們知道在殯葬服務中雖然有過忽略悲傷輔導的階段，但是現在既然已經知道悲傷輔導的重要性，也知道將悲傷輔導納入整個殯葬服務當中，那麼要怎麼做才能真正落實殯葬服務中的

悲傷輔導，就變得非常重要。換句話說，我們再也不能只將悲傷輔導當成是殯葬服務中的一個噱頭，也不能當成殯葬行銷中的一種手法，而要真實面對殯葬處理中對於悲傷輔導的需求。

關於殯葬處理中對於悲傷輔導的需求，我們應當如何去面對？在此，我們提出一些相關的建議。首先，我們把整個殯葬處理當成一個動態的整體，因此在處理過程中雖然會有不同階段的分別，但是本質上都將這些不同的處理階段當成是整個死亡事件的完成。所以，從臨終、初終、殮、殯、葬到祭都是屬於死亡事件的一環，只有整個事件得到完整與連貫的處理，死亡事件才會出現圓滿的結果。其次，我們認為整個社會的變遷，既然已經由家族發展至家庭，那麼我們的殯葬處理也必須由家族發展至專業的禮儀師。因此，我們就希望禮儀師能夠真正彌補家庭面對死亡的不足，讓家庭成員可以無憂無慮的面對死亡問題。對於這樣任務的實踐，我們提供了一些初步的建議，就是從臨終開始關懷，讓家屬知道禮儀師可以是個可靠的支持者、諮詢者與解決問題的協助者。不只如此，在喪禮進行中，禮儀師還可以成為禮俗的講解者、引導者與規劃者。另外，到了後續關懷的階段，禮儀師也可以是祭祀的規劃者、諮詢者與引導者。總之，禮儀師的最主要任務，就是想盡辦法讓家屬與亡者能夠生死兩相安，而這種相安的作法就是具體實踐悲傷輔導的作法。

上述簡單的建議，目的在於拋磚引玉，引起大家對於殯葬處理中悲傷輔導問題的重視，希望大家能夠多給予關注。因為，現代家庭的人力與關係，讓許多人已經沒有能力去處理自己親人的死亡，也沒有能力化解自己的悲傷。但是，沒有能力處理與化解，並不表示就可以不用面對與解決。因此，為了化解家屬面對死亡的困境，我們應當幫禮儀師開發悲傷輔導層面的殯葬相關作為，讓家屬可以安心面對親人的死亡。

註 解

1 尉遲淦著，《禮儀師與生死尊嚴》（台北：五南，2003），頁25。

2 J. William Worden 著，李開敏、林方皓、張玉仕、葛書倫譯，《悲傷輔導與悲傷治療》（台北：心理，2000），頁97。「處理得當的喪禮服務，可以提供協助與鼓勵健全悲傷的重要管道。」

3 這種理解方式可以在一般企業化的殯葬公司的服務流程中明顯看出。例如，他們會將整個服務流程分成三個部分：臨終諮詢或臨終關懷的部分，喪葬禮俗處理的部分，與祭有關的後續關懷的部分。其中的與祭有關的後續關懷部分，通常被視為悲傷輔導的主要作法。另外，請參考註1，頁19的說明。

4 同註1，頁31-32。

5 林素英著，《古代生命禮儀中的生死觀——以〈禮記〉為主的現代詮釋》（台北：文津，1997），頁79-85。

6 同註5，頁87。

7 同註5，頁97。

8 同註5，頁99-100。

9 陳瑞隆編著，《慎終追遠——台灣喪葬禮俗源由》（台南：世峰，1997），頁84。

10 楊炯山著，《喪葬禮儀》（新竹：竹林書局，1998，增訂本），頁62。

11 此一作法符合現代悲傷輔導對於死亡悲傷的認識，認為死亡發生後三個月是家屬面對喪親事件的一個艱困時刻。請參考註2，頁78。

12 此一作法符合現代悲傷輔導對於死亡悲傷的認識，認為死亡發生

後一週年是家屬面對喪親事件的另一個艱困時刻。請參考註2，頁78。

13 此一作法符合現代悲傷輔導對於死亡悲傷復原的認識，認為死亡發生後兩年是一般家屬面對喪親事件恢復正常的時刻。請參考註2，頁21。

14 這點可以從傳統業者的服務範圍明顯看出。對他們而言，殯葬服務基本上是喪禮服務。因此，殯葬處理中的殮、殯、葬的部分是服務重點。至於祭的部分，由於他們主要的工作只在於聯繫與代為安排，所以不是服務的重點所在。

15 這些殯葬公司的相關服務內容資料可以在網站上取得。如http://www.waiyan-xianghe.com.tw，http://www.lungyen.com.tw，http://www.newlifeweb.com.tw，http://www.memory.com.tw。

第二篇　禮儀師與證照

第五章　殯葬業與證照

第一節　殯葬業是否需要證照？

　　殯葬業是否需要有證照？過去曾經有過不少的爭議。這些爭議的產生，各有各的理由。一般而言，殯葬業者對於證照的要求最初的反應是，證照如果代表專業，那麼對於殯葬業的證照要求，就表示殯葬業到目前為止還沒有進入專業的境地。對於這樣的質疑，換成任何一個行業的人都會引起自然的反彈，更不用說自認為所從事的是特殊行業的殯葬業者了。所以，對於殯葬業而言，承認證照化的必要性就等於否認自己既有的專業。

　　然而，殯葬業者雖然有著這樣的反彈，不過在面對社會大眾的壓力時，他們也覺得無法合理地抗拒社會大眾的要求。因為，在社會大眾的印象中，殯葬業就是一個還沒有專業化的行業。如果殯葬業真的已經專業化了，那麼他們在經營上、服務上、價格上、產品上，都應該不是目前的狀況。例如在經營上，他們就會注意公司的形象化、組織的企業化、財務的健全化等等；在服務上，他們就會注意服務人員的高素質化、服務水準的高品質化、售後服務的實質化等等；在價格上，他們就會注意價格公開化、收費合理化等等；在產品上，他們就會注意產品透明化、產品完整化等等。

　　面對上述的質疑，雖然殯葬業者可以說他們已經部分做到上述的要求，但是整體而言，還是有一段不小的差距。尤其是在服務的專業上，殯葬業者的確不易達到上述專業的要求。因為，在服務方面，殯葬業自以為的專業，其實是建立在整個社會對於死亡的恐懼與禁忌上。對他們而言，有關死亡的服務不是一種任何人都能從事的服務。就傳統而言，這種服務必須是具有某些特殊使命的人才能做的。如果

一般人貿然進入這個行業，便會遭遇到一些不幸。此外，他們在從事這樣的喪葬服務，有關的一些專業知識，也不是一般人能夠擁有的。關於這一點，殯葬業者說的並沒有錯，我們的確不易找到有關喪葬處理的專業書籍。然而，也就是這樣，殯葬方面的專業服務變成一種家族傳承型態的服務。這種型態的服務，在過去社會分工還不太完整的年代，殯葬業的專業可以得到相當程度的承認。問題是，現在我們已經進入完整分工的時代，上述的家族傳承型態就沒有辦法滿足現代的要求。因為，現代對於專業的要求不是奠基在會不會做上面，而是奠基在品質化、精緻化、完整化上面。對於這一點，目前的殯葬業者大部分由於缺乏真正完整的專業教育訓練，所以沒有辦法滿足現代專業化的需求。

　　就是這種專業化的缺陷，讓整個殯葬業的社會地位一直處在土公仔的階段，無法得到進一步的提升。雖然，殯葬業者當中曾經有人對於自己的社會處境提出不平的控訴，認為自己所從事的行業不見得在社會價值上就不及其他行業，甚至於認為自己的行業是一種做功德的行業，但是教育系統的欠缺，就讓這個行業的專業性無法得到正式的承認。不僅如此，藉著教育的排除，使得殯葬業淪為社會的邊緣行業。為了改善這種處境，殯葬業過去雖然也曾經有過一些努力，但是效果畢竟不大。因為，上述有關教育欠缺的問題如果沒有辦法得到真正的解決，殯葬業的社會地位、專業能力就會受到質疑。所以，社會大眾對於殯葬業的證照化要求，表面看來是對殯葬業專業的不信任，實際上卻是殯葬業改變自己社會處境的最佳機會。唯有透過證照化的建立，教育系統才會把殯葬相關領域的專業納入教育當中，讓殯葬專業從被社會排斥轉為接納。也只有在這種情況下，藉著殯葬專業的證照化，殯葬業的社會地位才能真正得到提升，受到社會大眾的尊重，擁有職業的尊嚴。

第二節　證照化的相關問題

在肯定殯葬專業證照化的必要性以後，我們接著討論證照化可能衍生的一些問題：

第一、對於目前的殯葬業者而言，證照化要求的第一個危機，就是能否繼續擁有目前工作機會的問題。因為，在證照化實施之後，現有的殯葬業者是否仍能擁有目前的工作，就要看證照化本身的規定。如果證照化的規定是承認現有工作者的工作權利，那麼在就地合法的情況下，殯葬業者當然就不會有工作的危機感。

問題是，如果真的採取這樣的規定，那麼就失去了當初要求證照化的初衷。所以，證照化的規定就一定不可能如此。這點可以從二○○二年六月新出爐的「殯葬管理條例」確定，在該條例中明白規定，要從事禮儀師業務的人員必須具備禮儀師的資格。既然如此，那就表示現有的殯葬從業人員如果真的想要從事禮儀師的工作，他們就必須具備禮儀師的資格，否則根本不可能以禮儀師的名義對喪家提供服務。這麼一來，現有的殯葬業者如果要從事禮儀師的工作，就一定要擁有禮儀師的證照不可。就這點而言，殯葬業者會認為這是對於他們現有工作機會的剝奪。

第二、如果證照化的目的不在剝奪現有殯葬業者的工作機會，那麼政府就必須提供現有的殯葬業者參加證照考試的機會。問題是，在「殯葬管理條例」中，關於這方面的問題並沒有進一步的規定。換言之，到目前為止，對於整個禮儀師證照的定位還沒有一個明確的答案。雖然如此，政府在決定整個證照制度的內容時，千萬不要忘記證照制度建立的用意。證照制度建立的目的是在輔導殯葬業者，提升他

們的服務品質，而不是剝奪他們的生存權。因此，禮儀師在定位時一定要考慮到現實的情況，讓禮儀師證照制度的理想能夠在兼顧現實的情況下，達成證照制度建立的目的。

　　為了達成這個目標，在證照制度的定位上，除了要了解目前對於證照的相關規定外，另一方面還要了解殯葬業的現實狀況。就殯葬業的現實狀況而言，一般的從業人員學歷不高，老一輩的從業人員能有國中程度就算不錯了，年輕一輩則大部分在高中程度以上，不過還是以高中程度居多。在這樣的學歷限制下，如果要對殯葬業的證照制度做定位，那麼短期內可能要以國中或高中作為學歷基準，而不能奢求大專以上程度。

　　根據目前國內對於證照的規範，一種是以大專以上相關科系的學歷作為考照資格的限定，另一種則以高中以上相關科別的學歷作為考照資格的限定。就前者而言，通過考照的人稱之為「師」；就後者而言，通過考照的人稱之為「士」。對於「師」的部分，考試院有很嚴格的規定，認為「師」一定要有大專以上相關科系的學歷，曾經修習過相關指定科目的學分，才有資格參與師級證照的應考。

　　關於這一點，對於殯葬業的現有人員，無論是老一輩或年輕一輩都有困難。這個困難，一方面固然來自於殯葬業從業人員學歷過低所致，另一方面則來自於教育系統缺乏相關科系所致。由於目前沒有符合相關科系的教育單位，因此考試院對於禮儀師的證照作法，就抱持著暫時不可行的態度。其實，在教育系統真正配合之前，考試院的想法並沒有錯。問題是，要教育系統主動的配合，在目前社會依舊瀰漫著忌諱死亡的環境下，似乎是一個不太容易克服的難題。除非內政部主動要求教育部配合，或是學校本身發現殯葬專業是學校未來發展的財源之一，否則教育系統的配合不是很容易就可達成。既然現在「殯葬管理條例」都已經通過禮儀師證照的部分，相關的修習或考試科目

就應早日訂出，也好讓教育系統有機會看出這是一個可以開發的市場，儘速做相關的配合。

雖然目前禮儀師的部分還沒有做好相關的配套措施，不過這不代表殯葬業的專業證照是不必要的。為了銜接目前的空缺，殯葬業的證照暫時可以從「士」的部分著手。關於禮儀士的部分，規定就沒有禮儀師那麼嚴格。禮儀師的考照是屬於國家考照的層級，禮儀士的考照則屬於技能檢定的層級。由於禮儀士的資格限定以高中以上學歷為應考基準，所以對於年輕一輩的殯葬從業人員較沒有應考資格的問題。

即使如此，為了照顧現有的老一輩殯葬從業人員，並且彌補現有教育系統沒有相關科別的不足，勞委會一方面可以透過資格檢定的方式，解決老一輩殯葬從業人員應考資格的問題，另一方面再透過參加多少時數禮儀師研習課程的規定，解決相關科別規定的問題。唯有如此，禮儀師的證照制度才能有一個美好而健全的開始。否則，一實施禮儀師的證照制度，就直接從「師」的部分著手，在學歷問題與教育問題沒有做相關的配套解決之下，那麼這個制度不但不能達成提升殯葬業的目標，還會對於殯葬業本身帶來極大的傷害。為了避免這種不幸的後果，先從禮儀士的技能檢定著手，再進一步透過教育系統的配合，提升至禮儀師的國家層級，可能是目前較能兼顧理想與現實的恰當作法。

第三、當上述殯葬業的證照制度得以確立之後，還有一個問題必須面對，那就是證照能夠達成的服務水準問題。就證照本身而言，它的功能之一就是讓所有通過證照考試的人，都能具有一定的專業服務水準。因此，有關資格內容的規定與考試科目的設計，就會決定專業服務的水準到達什麼程度。換言之，考試內容決定專業服務水準。這是一般證照考試實施時特別要注意的部分。

現在，禮儀師的證照考試部分，要考慮的問題還不只是專業服務

水準提升的問題，也包括加入世貿組織之後，外國業者進入國內市場的問題。由於部分外國業者在他們國內已經擁有相關的職業證照，同時也受過大專以上相關的殯葬教育，所以他們一旦進入我國市場，馬上就具有執行業務的資格。反觀我國殯葬從業人員，不但沒有相關的資格與教育，也沒有相關的職業證照。所以，如果證照考試的內容無法對外國業者做進一步的要求，使得外國業者也要通過我國的證照考試，才能取得執行業務的資格，那麼這種證照制度實施的結果只會有利於外國人，而無法保護本國的從業人員。

　　為了避免這種問題的產生，政府在設計應考資格與考試科目時，就應該進一步了解國外的相關教育課程與考試科目。透過這樣的了解，目的不在於統整外國的作法，作為我國證照考試設計的參考，而是藉著這樣的了解，覺察外國作法的缺失與不足之處。只有在這樣的自覺下，國內設計出來的證照考試才能有國際一流的水準，一方面可以提升國內業者的專業服務水準達到國際的程度，另一方面可以有效的要求國外業者通過我國的證照考試，為國內業者爭取多一點的準備時間。

第三節　對證照考試科目的初步反省

　　然而，按照過去內政部「殯葬管理條例」草案的構想，證照考試的基本科目共有十一個之多，這些科目包括「殯葬法規、殯葬制度史、殯葬禮儀、生死哲學、悲傷心理學、公共衛生學、宗教科儀、遺體化妝美容、殯葬文書、司儀技巧、殯葬會場規劃及設計」。表面看來，這些科目涵蓋了整個禮儀師的範圍，似乎已經很完整地規範了禮儀師的相關業務內容。但是就通過的「殯葬管理條例」來看，禮儀師

所要執行的業務包括：「(1)殯葬禮儀的規劃及諮詢。(2)殯殮葬會場之規劃及設計。(3)指導喪葬文書之設計及撰寫。(4)指導或擔任出殯奠儀會場司儀。(5)臨終關懷及悲傷輔導。(6)其他經主管機關核定之業務項目。」從這些相關的業務執掌看來，上述的考試科目設計就顯得不是很恰當。

例如禮儀師業務執掌的第(5)項包括臨終關懷及悲傷輔導，然而在考試科目中卻沒有臨終關懷的科目，也沒有悲傷輔導的科目，而是用悲傷心理學加以替代。實際上，臨終關懷的規定是有其意義的。因為，過去從事殯葬服務的人員，通常都是從人死亡之後才介入。但是，現在由於生前契約的推出，殯葬人員的服務就不能只從人死亡之後才介入，而必須在生前就開始提供服務。這種服務點的往前延伸，也表示殯葬服務不是純粹的商業服務，還包括人性服務在內。目前國內的作法主要集中在法律、財物及喪禮安排上，國外亦有類似的作法。至於悲傷輔導與悲傷心理學其實是有差距的，前者著重於實際的應用，後者則強調悲傷心理知識的了解。在殯葬的專業服務中之所以加入悲傷輔導，主要在於喪家無法自行處理與亡者的情感問題，需要禮儀師提供相關的輔導協助，讓喪家早日完成情感上的悲傷歷程，重新回復沒有亡者存在的正常生活。因此，站在殯葬服務的實際需求上，悲傷心理學還是要讓位給悲傷輔導。目前國內的作法集中在後續法事通知及祭祀提醒上，國外亦有類似的作法。還有，關於公共衛生的部分，國內強調的只是避免職業傷害的部分，而不是國外強調的遺體防腐的專業，國外甚至還有防腐師的證照。這也是國內較不足的部分，所以，藉由上述的對照，可見目前要在應考科目上超越國外的設計，是一件不太容易的事。

雖然如此，這裡還是可以有超越之處。因為，無論國內外，對於禮儀師的規範，重點都放在形式上，而忽略了實質上的規範。因此，

我國的考照設計就可以把重點放在考試內容要求的不同上。這種不同就是要把禮儀師的功能，從單純的技術性服務轉化為知識性服務。藉著服務型態的轉變，讓喪家得到的服務不只是有關亡者遺體處理的服務，也不只是有關死亡的宗教文化規定的服務，還讓喪家能夠經由這樣的服務，了解死亡的意義與安頓自己的喪親情感。這種從技術操作面轉向意義覺醒面的服務要求，是一種殯葬服務的新模式，具有充分的理由讓外國業者重新參與證照的考試。只有做到這樣的地步，我國的禮儀師證照制度才能完整發揮輔導與提升殯葬業者的功能。

第六章

關於禮儀師證照考試建構過程中的一些省察

✚ 第一節　禮儀師證照設立與考試的一些困擾

　　對殯葬業而言，二〇〇二年通過的「殯葬管理條例」是一件劃時代的大事。因為，過去的「墳墓設置管理條例」只規範殯葬設施的部分。關於殯葬服務的部分，完全沒有著墨。也因為如此，殯葬服務一直處於過去土公仔的層級，無法晉升到禮儀師的層級。現在，「殯葬管理條例」對於殯葬服務終於有了專業的規範。不過，在整個規範的制定過程中卻一直紛紛擾擾。這種紛擾現象的發生，一方面固然是來自於彼此的誤解，另一方面則是來自於相關單位的不易配合。整體而言，問題相當複雜。以下，我們一一說明。

　　首先，我們說明殯葬服務是否需要證照以及何種證照考試方式的問題。在「殯葬管理條例」決定是否要有殯葬服務的證照過程中，政府主管機關、學界與業界一直有著不同的看法。基本上，政府主管機關與學界傾向於殯葬服務證照的設立，業界則傾向於不要設立。雙方之所以會有不同意見的產生，主要在於各有各的思考重點。

　　對政府主管機關與學界而言，殯葬服務證照的設立是一種輔導業者的作為，不僅可以提升社會地位，也可以提升服務品質。這種有利於業者的作為，當然需要大力推動。相反地，對業者而言，殯葬服務證照的設立是一種執業行為的限制，可能會影響業者的生計，對此政府何必多此一舉。

　　在這種各說各話的情況下，有關殯葬服務證照的設立問題一直延宕不定。後來經過雙方多次溝通，業者終於同意殯葬服務證照的設立。在此，業者為何會同意殯葬服務證照的設立？主要理由有下列幾點：第一、有關證照的要求不要採取硬性規定的方式，要採取漸進的

方式。第二、在證照的要求上，先由一定規模的公司開始。第三、在證照設立後，現有的殯葬服務業者的執業可以有一個緩衝期，而非立即處罰。第四、對於不符合證照考試資格的業者，政府應當提供考照的機會。

表面看來，殯葬服務證照的問題從此以後應該可以塵埃落定了。但是，事實卻非如此。起初，異議聲音的再起是來自於考試院。對考試院而言，要把禮儀師的殯葬服務證照考試納入國家考試是何等大事，因此，一切作為都必須審慎考慮。

首先，考試院質疑禮儀師證照考試的資格規定問題。由於國內的教育體制到目前為止都沒有殯葬科系的設立，因此無法規定禮儀師證照考試的本科資格。相對地，在本科資格無法規定的情況下，相關科系的資格更無從規定起。

其次，考試院質疑禮儀師證照考試科目的訂定問題。對考試院而言，考試科目的訂定是依據應考科系的專業科目而來。現在禮儀師要舉行證照考試，那麼考試科目就必須從殯葬科系的專業科目而來。問題是，目前的教育體制當中並沒有殯葬科系的設立，所以也就無法訂定禮儀師證照考試的科目。

最後，考試院質疑禮儀師證照考試的資格檢定問題。對考試院而言，國家考試的資格規定是以大專本科系與相關科系作為標準。至於資格檢定的作法，則不是國家考試取得資格的正式途徑。雖然過去曾經有過少數考試資格的取得是採取這樣的途徑，如中醫資格檢定考試，但是這樣的作法畢竟是一種例外而非常態。因此，目前有關此一資格取得的檢定考試已經不再增加新的種類，原有的部分也訂定了相關的落日條款。未來殯葬業者如果想要參加禮儀師的證照考試，就只有遵循正式的管道取得大專相關資格。

經過上述考試院的質疑之後，有關禮儀師的證照考試頓時又陷

入僵局之中。的確，禮儀師的證照考試存在著考試院所指出的那些困難。不過，現實存在著困難是一回事，法律規定要辦理則是另外一回事。就現實的困難之處而言，這些問題也未必沒有化解之道。

✚ 第二節　上述困擾的解決可能

　　例如殯葬科系存在的問題。過去我們一直認為殯葬科系未曾存在過，但是事實並非如此。其實，殯葬科系早就存在於二○○一年成立的南華大學生死管理學系。在此，有人可能會顧名思義的提出質疑，認為殯葬科系與生死管理學系是不同的。然而，如果我們深入專業課程部分，就會發現生死管理學系是以殯葬專業作為設系的主軸。既然如此，殯葬科系是否曾經存在過的問題可謂迎刃而解。

　　但是，問題並沒有那麼簡單就被解決。因為，生死管理學系只存在過一年，第二年就改成生死學系。不僅如此，與殯葬有關的課程也遭到大幅更動，失去了原先的殯葬主軸。此外，這個學系也沒有得到完整的實踐。因此，考試院自然會質疑此一課程設計的專業客觀性。

　　當然，我們可以針對考試院的質疑提出答辯。例如舉出中醫國家考試的特殊例子。在當時，大專院校當中中醫還沒有正式科系的設立。依照規定，這樣的種類是不適合舉行國家考試的。問題是，當時的社會確實有這樣的迫切需求。因此，考試院就為了這樣的需求特別開了方便之門。現在，禮儀師的證照考試也有類似的需求。那麼，考試院為何不能比照辦理呢？何況，禮儀師證照考試的教育處境要較當時的中醫證照考試來得好，起碼已經有過正式學系的設立，表示相關專業課程早已得到教育主管機關的認可。所以，考試院實在沒有什麼好的理由可以拒絕這樣的要求。

　　不過，答辯歸答辯，有沒有得到採納又是另外一回事。因爲，合理性並不是評判證照考試是否設立的唯一標準，現實性的考慮反倒是較爲關鍵的因素。就這樣，禮儀師的證照考試懸在法律規定一定要設立的理想性與考試院拒絕設立的現實性之間。

　　那麼，上述禮儀師證照考試的僵局是否眞的難以解套？其實，前景也沒有那麼悲慘。因爲，法律的規定有一定的期限。如果上述的困境沒有辦法得到突破，提出此一法律規定的單位就必須承擔相關的政治責任。對於這樣的結果，大家都不願意見到。畢竟殯葬主管機關當初提出證照考試的構想，是爲了幫助業者，讓業者的服務能夠步上專業的正軌。所以，如何化解這樣的困境，就成爲殯葬主管機關所要面對的重大課題。

　　在此，我們發現「殯葬管理條例」本身就提供了解套的契機。如果從「殯葬管理條例」對於禮儀師證照考試的規定來看，禮儀師的證照考試是勢在必行。不過，在這樣的規定中，「殯葬管理條例」並沒有強制規定一定要採取何種方式的證照考試。換句話說，無論禮儀師的證照考試採取的是考試院的專技人員考試，還是其他形式的考試，只要是國家級的考試即可。

　　基於這種考試形式的不限定，殯葬主管機關爲禮儀師的證照考試找到了另外的出路。但是也是這種考試方式的搖擺不定，讓許多殯葬業者誤以爲禮儀師的證照考試即將停擺。對這些殯葬業者而言，禮儀師的證照考試最好不要舉行。

　　因爲，在這些殯葬業者的想法當中，他們認爲自己多年的殯葬服務經驗，就足以證明個人服務上的專業。既然他們都已經通過現實的考驗證明了自己的專業，那麼又何勞政府多此一舉的舉行證照考試來證明他們的專業。更何況，這種證照考試要求的不只是個人服務上的專業，還進一步要求大專學歷的配合。對這些殯葬業者而言，服務上

專業的驗證已經讓他們覺得很難堪了，現在再加上大專學歷的要求，更讓他們覺得深受羞辱。

倘若我們對殯葬業者的一般學歷有所了解，就會知道殯葬業者為什麼會有這樣的反應。一般而言，殯葬業者的學歷大都是在大專以下，而大專以上則較少。因此，如果禮儀師的證照考試一定要舉行，那麼他們勢必需要進一步的進修來滿足學歷上的要求。然而，對他們而言，基於目前的工作型態，這樣的進修要求似乎不太容易達成。因此，即使他們有心，也常常會抱持僥倖的心理。

不過，主觀的期盼是一回事，客觀的現實又是另外一回事。關於禮儀師的證照考試是否要舉行，「殯葬管理條例」已經給了很明確的回答。唯一不明確的部分，就是用什麼方式考試的問題。所以，我們與其消極被動地等待奇蹟的出現，不如主動因應未來的變局做準備。

對殯葬主管機關而言，過去有關考試院主導證照考試的構想常常會被業者質疑，認為這種考試方式只會培養考試的機器，無法提供適合殯葬業的實務人才。現在在考試院的拒絕下，禮儀師證照考試終於可以擺脫過去不具實務性的陰影，有了另外一個兼顧實務功能的新的開始。

✚ 第三節　實際解決的方向

那麼，這個兼具實務功能的新的開始是個什麼樣的考試方式？首先，這樣的考試方式必須具備有實務的特質。因此，禮儀師的證照考試不能像過去一樣，只以專業知識的考核為準，而需要兼顧專業技能的部分。為了達成此一目的，禮儀師的證照考試必須從技能檢定出發。唯有如此，通過禮儀師證照考試考核的禮儀師，才能真的具備實

務的能力。

　　但是，有實務能力是一回事，是否就符合禮儀師的要求又是另外一回事。關於這一點，需要我們進一步的探討。就技能檢定本身而言，整個考試的重心是放在專業的技能檢定上。雖然技能檢定本身也有學科的考試，但是這樣的考試重點並不放在專業知識的測試上。因此，殯葬主管機關基於這樣的理由考慮，認為技能檢定的考試方式還不足以構成禮儀師證照考試的全貌，而只是其中的一部分。所以，他們認為技能檢定的結果不適宜使用禮儀師的稱謂，只能用喪禮服務人員的稱謂。

　　藉著這樣的切割，禮儀師證照考試終於有了較為圓滿的結果。起碼目前的作法不會再像過去那樣，把大多數的殯葬業者排除在禮儀師之外，而能夠提供喪禮服務人員的檢定方式以安頓這些業者。也因為如此，殯葬業者就比較沒有抗拒的理由。

　　從技能檢定的資格要求來看，最低一級是丙級的技能檢定，要求的資格只要國中畢業即可；再高一級是乙級的技能檢定，要求的資格則是高中畢業以及其他條件；最高一級則是甲級的技能檢定，要求的資格是大專畢業以及其他條件。根據這樣的資格要求，殯葬業者只要具備國中的學歷，都有機會通過丙級技能檢定，成為喪禮服務人員。對於這樣的低門檻，殯葬業者幾乎都有通過的能力。所以，難怪殯葬業者會以較為理性的方式接受這樣的技能檢定！

　　可是，技能檢定畢竟不能等同於禮儀師的證照考試。即使這樣的考試等級已經進入技能檢定的甲級層次，還是不足以彰顯禮儀師的專業深度。為了凸顯禮儀師的專業深度，殯葬主管機關決定在技能檢定之外，再加上殯葬專業課程的修習。對殯葬主管機關而言，技能檢定凸顯的是專業技能的部分，而殯葬專業課程則凸顯專業知識的部分。就禮儀師的整體要求來看，禮儀師應該同時具備甲級的技能檢定與

二十個學分以上的殯葬專業課程。唯有如此，這種兼具專業知識與技能的禮儀師，才能符合國家級證照考試的要求。

至此，禮儀師的證照考試才算大致底定。不過，其中還有一些配合的問題需要解決。例如有關技能檢定的部分需要勞委會的配合，殯葬專業課程的部分需要大專院校的配合。根據現在的客觀態勢，殯葬主管機關已經行文勞委會配合，大專院校部分則已在開班當中，兩方面的配合應該都沒有太大問題。唯一會影響此一新方案實施的因素，就是行政院的同意與否。不過，根據法律的時效要求與方案的合理現實性，行政院似乎沒有理由反對。

在經過行政院的同意之後，還有立法院有關「殯葬管理條例」的修法問題。由於立法院的修法部分，重點在於刪除以法律另定之的字眼。因此，關於立法院修法的部分應該不會引起太大爭議。由此推之，禮儀師證照考試正式上馬的日子應該不會太遠。

其次，我們說明殯葬專業課程的規劃問題。經過上述的冗長說明，我們已經得知禮儀師證照考試確實實施的可能性。但是，在正式實施此一證照考試之前，我們還有殯葬專業課程如何規劃的問題需要解決。

為了讓禮儀師的專業深度能夠與考試院的專技人員一致，殯葬主管機關除了技能檢定的要求外，還進一步要求殯葬專業課程的部分。那麼，有關殯葬專業課程的部分要如何規範呢？對殯葬主管機關而言，此一規範的訂定必須符合考試院專技人員的要求。只有這樣，禮儀師證照考試的新方案才不會有降低禮儀師水準的嫌疑。

關於殯葬專業課程規範的問題，原則上有兩個部分需要處理：一個是學分數的問題，一個是課程內容的問題。就學分數的部分而言，依據考試院有關專技人員考試資格的相關科系規定，相關科系是以修習多少專業課程而定。一般來說，這些專業課程的修習學分數是以

二十學分以上為準。既然如此，殯葬專業課程的學分修習當然也必須以二十學分以上為準。

就課程內容的部分而言，相關的規劃就顯得較為分歧。這種分歧的產生，主要是來自於正式殯葬科系的闕如。雖然過去南華大學曾經有過生死管理學系的設立，但是由於沒有經過較長時間的運作，因此相關的課程內容無法獲得大家的一致認同。更何況這些課程內容只存在過一個學年，也無法為大家所熟知。所以，教育部核可設立的專業光環無法在生死管理學系上產生指標的作用。

在彼此沒有共識的情況下，我們是否就只能默認這種現象的存在呢？其實，情況並沒有那麼悲觀。因為，禮儀師證照考試要考核的是禮儀師，而不是一般的殯葬人員。因此，禮儀師的職掌規定就成為我們規範殯葬專業課程內容的主要標準。不過，由於禮儀師的職掌規定只規範了禮儀師的工作內容，而沒有提出相關內容的學科分類，導致相關專業課程無法予以有系統的歸類。為了達成系統歸類的效果，殯葬主管機關參照了鈕則誠教授所提出的殯葬衛生學、殯葬管理學與殯葬文化學的架構，將所有殯葬專業課程歸類其下。

那麼，我們要如何將整個殯葬專業課程歸類於殯葬衛生學、殯葬管理學與殯葬文化學的架構之下呢？首先，我們依據禮儀師的職掌規定初步確定殯葬專業課程的內容。就「殯葬管理條例」的規定，禮儀師的基本職掌包括「殯葬禮儀之規劃與諮詢、殯殮葬會場之規劃與設計、指導喪葬文書之設計與撰寫、指導或擔任出殯奠儀會場司儀、臨終關懷及悲傷輔導、其他經主管機關核定之業務項目」。由這些職掌的內容可知，禮儀師的基本任務有三，就是臨終關懷、殯葬禮儀與悲傷輔導。環繞這三項基本任務，殯葬專業課程還應包括「殯葬概論、殯葬生死觀、殯葬宗教科儀、殯葬文化史、殯葬倫理、殯葬法規與政策、公共衛生」。總結上述殯葬專業課程的內容，共計有十個科目，

二十個學分。

其次，我們認為上述的殯葬專業課程如果要歸類於殯葬衛生學、殯葬管理學與殯葬文化學的架構之下，可以做成下述的歸類。例如殯葬衛生學的歸類，就是將臨終關懷、悲傷輔導與公共衛生三個科目歸於其下。殯葬管理學的歸類，就是將殯葬倫理、殯葬法規與政策兩個科目歸於其下。殯葬文化學的歸類，就是將殯葬禮儀、殯葬宗教科儀、殯葬生死觀、殯葬文化史與殯葬概論五個科目歸於其下。

在經過上述的架構歸類之後，殯葬主管機關認為禮儀師的專業課程修習不應只是二十個學分的下限，而應該有更多的專業修習。因此，殯葬主管機關進一步將課程的修習分成核心課程與非核心課程。根據這樣的分類，我們認為上述的二十個學分是屬於核心課程的部分。至於非核心課程的部分，我們的建議是「殯葬衛生學應包括遺體美容、遺體處理，殯葬管理學應包括殯葬管理、服務管理，殯葬文化學應包括生死學概論、殯葬教育、殯葬美學」。

其中，核心課程的部分，我們認為可以調整的空間並不太大。如果說要有調整的空間，也是屬於非核心課程的部分。如果任意調整核心課程，可能會導致禮儀師的專業深度不足。因此，為了確保禮儀師的專業水準，我們應當依據禮儀師的專業職掌來詳細規劃禮儀師的專業課程。

此外，為了避免各大專院校任意開設相關專業課程，以至於破壞了禮儀師的專業水準，我們建議殯葬主管機關，有必要進一步規定開設課程的教師資格。除了學歷的限定之外，還必須增加相關著作的限定。如此一來，有關殯葬專業課程的教授才能同步進入現代專業化的境地。

最後，基於這些年參與殯葬教育的經驗，我們發現，單純的課堂學習並不足以真正提升殯葬業者的服務水準。真正能夠提升殯葬業者

的服務水準，讓殯葬業者受惠的作法是，藉著會考的壓力，逼迫業者將所學用在自己的殯葬服務上。因此，我們建議殯葬主管機關，不要只是要求殯葬業者修習殯葬專業課程，還要進一步擔任把關的工作，讓業者真的可以在所修習的課程中獲益。至於這種把關的方式為何，我們的建議是，不一定要用筆試，也可以採取其他較為實務性的測試方式。經由這樣的認證，我們相信未來的禮儀師必定會表現出符合消費者需要的現代服務水準。

第七章　禮儀師證照考試科目之我見

第一節　有關禮儀師證照考試困擾的再省思

　　根據二〇〇二年七月十七日所公布的「殯葬管理條例」第四十條及第六十六條的規定，未來殯葬服務人員要用禮儀師的名義執行業務，必須通過證照考試取得資格，否則不得以禮儀師的名義執業。違反者，除了依規定勒令改善外，還要處以新台幣六萬至三十萬元的罰款。如果不改善，更可以連續處罰。這種規定在一九八三年十一月十一日所公布施行的「墳墓設置管理條例」中是找不到的，表示我國已經正視殯葬服務人員的管理問題，願意用專業證照的方式來規範殯葬服務人員的執業行為。通過這樣的管理規範，的確有助於提升我國殯葬服務的品質，也能對殯葬服務不良的業者產生淘汰的作用。

　　可是這樣的良法美意並不能只是單純的法律規定，而沒有相關的配套措施。否則，立法即使再完善，也是徒法不足以自行。現在，有關禮儀師的證照考試就遇到了這樣的問題。一般而言，考試常常是配合教育的。如果沒有教育作為先導，那麼要讓考試產生良好的效果，事實上是做不到的。因此，社會上在舉辦某種考試時，通常都會看是否已經有了某種教育的先在。如果已經有了該種教育的先在，那麼這種考試就可以比較放心的舉行。如果根本就沒有該種教育的先在，那麼這種考試一般是不會舉行的。因為，倘若這樣的考試在沒有教育的先導下就貿然舉行，結果定會帶來極大的糾紛。所以，一種考試的舉行與否，教育的先在是個很關鍵的條件。

　　根據這樣的前提，我們發現禮儀師的證照考試似乎是違反這樣的前提。我們之所以有這樣的論斷，最主要的理由是，到目前為止，國內並沒有直接針對殯葬教育設立的科系。雖然有人會持異議的說，南

華大學的生死學系不就有與殯葬教育相關的組別存在嗎？表面看來，就現有的學系規劃的確有這樣的組別存在，似乎對於殯葬教育也有相當程度的著墨。不過，有這樣的組別是一回事，是否就足以代表殯葬教育的科系則是另外一回事。何況，當初該組別的設立，只是基於殯葬教育也是生死學當中的一環，並沒有特別強調殯葬教育本身的獨立性與完整性。因此，有關殯葬教育設立科系的部分幾乎是一片空白。

　　當然，我們這樣說的意思並無意抹殺學術界相關人士過去所做的努力。在台灣最早覺察到殯葬教育正式設立科系需求的，是台灣科技大學的徐福全教授。可惜的是，這樣的構想受限於當時的時空背景，未能得到真正實現。在經過了多年的努力之後，至今終於有了較為成熟的社會環境，可是主管教育的機關卻仍受限於某些傳統的觀念，認為這樣的科系不宜設立在技職體系的教育系統當中。同樣地，致理技術學院也在二〇〇九年提出了相關的申請，雖然有一些相關的專家學者予以大力支持，結果也遭遇了駁回的相同命運。所以，有關殯葬教育科系的設立部分，在短期內很難有重大的突破。即使在社會需求的壓力下有突破的可能，這種突破也是緩不濟急的，很難有效緩解禮儀師證照考試的急迫性。

　　此外，除了上述有關殯葬教育科系設立的努力之外，對於禮儀師證照考試可供參考的，就是殯葬八十學分班與殯葬研習班的舉辦。雖然這兩種班別都不是正式的殯葬教育，不過卻是我們目前僅有而能參考的本土經驗。其中，殯葬研習班舉辦的時間較長，幾乎有五年時間。從過去到現在舉辦的單位與班別非常多，能夠長期舉辦且課程設計及師資陣容較為整齊的，大概非華梵大學推廣教育台中分部莫屬。華梵大學推廣教育台中分部不僅舉辦殯葬研習班，還進一步舉辦相關的禮儀檢定考試，是目前國內唯一有關殯葬方面的公開檢定考試。至於殯葬八十學分班的部分，過去曾有初步的規劃與施行，可惜成效不

佳。目前則由華梵大學推廣教育台中分部做進一步的規劃與施行，雖然已經邁入第三期的課程，但是由於整個生命事業管理學程尚未結束，所以成效部分還無法予以正式評估。因此，整體而言，除了華梵大學推廣教育台中分部所舉辦的禮儀檢定考試與相關課程設計可供參考之外，其餘的部分對於禮儀師證照考試的助益並不是很大。

經由上述的探討，我們發現有關禮儀師的證照考試，國內可供參考的經驗並不是很多。單單依靠國內的現有經驗，我們很難辦好這樣的禮儀師證照考試。雖然有人會說，華梵大學推廣教育台中分部舉辦的禮儀檢定考試已經邁入第三次，但是基於考試的正式性與累積的經驗成熟度的問題，我們認為目前國內很難完全不參考國外的經驗，就能將禮儀師的證照考試辦得很好。

✚ 第二節　有關參考國外經驗的可能性

既然禮儀師證照考試需要參考國外相關經驗，那麼我們要參考哪一個國外經驗較為適切？根據我們的了解，國外對於殯葬教育與證照考試最為完備的國家是美國。因此，我們以美國的相關經驗作為參考之用。就美國而言，他們在一八八〇年就成立了殯葬指導師全國協會（即日後的美國全國殯葬指導師協會），並在一九〇三年成立殯葬服務考試聯合委員會，於一九三〇年實施第一次國家考試，一九四〇年正式定名為美國殯葬服務考試聯合委員會，一九九七年加拿大加入，進一步更名為國際殯葬服務考試聯合委員會，同時在一九三〇年設立第一個殯葬教育院校，一九四〇年成立美國殯葬服務教育委員會，一九四五年針對殯葬導師培育設立專業教育的學校，一九六二年殯葬服務教育委員會得到美國教育部及高等教育評鑑協會認可，負責殯葬

服務教育的評鑑。至今美國已有五十七所殯葬教育相關大專院校設立，其中五十二個學程已經通過評鑑。

　　從上述簡單的敘述中，我們發現美國有關殯葬指導師的證照考試是有其發展脈絡的。最初是由殯葬指導師全國協會主導，在舉行考試的同時才有教育的設置。不過，這種情形到後來就得到了修正。從殯葬服務教育委員會的設立開始，一切的課程都須經過這個委員會的專業審查。經過這樣的專業審查之後，殯葬指導師的證照考試命題就有一定的參考標準，整個證照考試才能具有專業性與客觀性。所以，根據美國殯葬指導師證照考試的經驗，先有教育再有考試是一個正確的程序與作法。

　　不過，由於我國尚未具有這樣的證照考試環境，因此我們只能從實質面借鏡於美國，看美國在殯葬指導師的證照考試上是如何進行的。根據邱麗芬的碩士論文《當前美國殯葬教育課程設計初探——兼論國內殯葬相關教育的實施現況》的研究，對於殯葬指導師可以簡單界定為「為生者服務、安排及指導喪禮、並安撫喪親家屬悲傷之專業人員」。基於這樣的認識，殯葬指導師的工作包括：照顧與處理遺體、照顧及協助生者、輔助性服務。從這些工作的內容，我們可以看到殯葬教育課程方面大致相應的安排。其中，有四個相關的專業領域：公共衛生相關學術、企業管理、社會科學與法律倫理。關於公共衛生相關學術的部分，課程內容包括：化學、微生物學、公共衛生、解剖學、心理學、防腐及修補的技術（含實習）。關於企業管理的部分，課程內容包括：會計、殯儀館管理、商品學、電腦應用、葬禮指導、小型企業管理。關於社會科學的部分，課程內容包括：悲傷輔導、殯葬服務社會學、殯葬服務史、溝通技巧。關於法律倫理的部分，課程內容包括：殯葬法律、商業法、倫理。對照於這樣的課程安排，美國的殯葬指導師證照考試命題內容，包括技藝與科學測驗兩部

分，每個測驗各有一百五十題的選擇題。就技藝測驗的部分而言，內容包括：社會學／殯葬服務史、心理學、殯葬規劃、商業法、殯葬服務法、殯葬服務行銷、會計／電腦。就科學測驗的部分而言，內容包括：防腐技術、修補技術、微生物學、病理學、化學、解剖學。

依據上述的美國經驗，我們發現在殯葬教育課程的設計方面，他們雖然有公共衛生相關學術、企業管理、社會科學與法律倫理等四個專業領域的分別，不過在比例方面，他們是以公共衛生相關學術與企業管理兩個專業領域佔得最重，超過全部主修課程的三分之二，表示美國的殯葬指導師的任務，在於遺體處理及殯葬服務經營上。這樣的課程內容設計安排，也同樣反映在證照考試的命題比例上。根據二○一○年的殯葬指導師證照考試的命題比例，防腐與修補技術的出題比例就幾乎佔了科學測驗出題總數的一半，殯葬規劃、殯葬服務行銷與會計／電腦的出題比例則佔了技藝測驗出題總數的五分之二。由此可知，證照考試的命題比例也是以公共衛生相關學術與企業管理兩個專業領域為主，表示證照考試所要要求的專業能力，也是放在遺體處理及殯葬服務經營上。

既然美國的殯葬指導師證照考試的重點放在遺體處理及殯葬服務經營上，那麼我國的禮儀師證照考試是否也可以如法炮製呢？表面看來，這樣的師法行為並無不可。不過，這樣的作法是有相關前提存在的。倘若我們認為我國的禮儀師與美國的殯葬指導師具有相同的任務與工作內涵，那麼自然可以借鏡美國殯葬指導師證照考試的命題內容。倘若我們認為我國的禮儀師與美國的殯葬指導師不具有相同的任務與工作內涵，那麼自然就不能直接借鏡美國殯葬指導師證照考試的命題內容，最多只能作為一個參考的依據。因此，我國的禮儀師與美國的殯葬指導師任務與工作內涵的同異性，決定了整個參考的價值與方式。

　　就我國的禮儀師而言，根據中華民國職業分類典的界定，禮儀師是「規劃設計整個喪禮如何進行與負責完成的人員」，所從事的工作包括：「(1)從臨終前的關懷到死亡後的接體；(2)與喪家協商整個喪禮的安排，包括參與喪事人員的決定，入殮、出殯時間的選定，訃聞的設計印製，靈、禮堂的布置，儀式的選擇，葬法的決定，埋葬地點的選定，價格的估算與收取，社會資源的尋求等等；(3)在喪禮完成之後，還繼續提供做七、做百日、做對年、做三年的服務，以及家屬的悲傷輔導」。如果單從定義來看，我們會認為我國的禮儀師是以喪禮的安排與完成為主，而美國的殯葬指導師則以服務生者為主。但是如果從服務的內容來看，我們就會發現美國的服務生者，其實是藉著遺體的處理方式來服務生者，並藉由這樣的服務安撫家屬的悲傷情緒；而我國的喪禮安排與完成則是藉著喪禮的方式服務生者，並進一步透過這樣的服務安撫家屬的悲傷情緒。經由上述的分析，我們發現我國對於禮儀師的認知，似乎和美國對殯葬指導師的認知有所不同。對美國的殯葬指導師而言，他們藉由遺體的處理服務家屬，而我國的禮儀師則藉由喪禮的安排服務家屬，表示兩者在服務的重點與方式均不同。既然如此，那就表示美國殯葬指導師證照考試的相關設計，雖然可以作為我們參考的架構，不過在考試科目的設計與偏重點上，則應該由我們本身殯葬服務的特質來決定。否則，未來禮儀師證照考試舉辦的結果，不但會失去我們自己應有的服務特色，也無法考出真正適合我國殯葬服務需要的人才。

✚ 第三節　我們對禮儀師證照考試應有的態度

在這樣的思考前提下，我們認為與其一味地參考國外的作法，不如回到我們自己的殯葬服務本身，看哪些科目才是適合我國禮儀師的證照考試。根據「殯葬管理條例」第四十條的規定，禮儀師有其應有的服務項目，這些項目包括「殯葬禮儀之規劃與諮詢、殮殯葬會場之規劃及設計、指導喪葬文書之設計及撰寫、指導或擔任出殯奠儀會場司儀、臨終關懷及悲傷輔導、其他經主管機關核定之業務項目」。在這些項目中，除了「其他經主管機關核定之業務項目」沒有具體的內容以外，其餘五項都有很具體的內容。關於這些服務的內容，在形式上我們認為大致完整，與美國的相關服務相較，實在不遑多讓，尤其是臨終關懷的提供，更能滿足當代人的生死需求。其中，「殯葬禮儀之規劃與諮詢」、「殮殯葬會場之規劃及設計」、「指導喪葬文書之設計及撰寫」、「指導或擔任出殯奠儀會場司儀」等四個項目，是與傳統的殯葬服務有關。後三者的作用都在協助殯葬禮儀的實踐與完成，因此整個內容的核心可謂是在殯葬禮儀上。至於「臨終關懷及悲傷輔導」的項目，則是屬於現代殯葬服務的人性關懷部分。表面看來，這一部分似乎是傳統所欠缺的。實際上，這一部分在傳統中也有安排，只是沒有現代這麼完整。透過這兩個部分的服務，不只亡者的死後部分得到服務，連亡者的臨終與生者的悲傷輔導都得到了服務。這樣的殯葬服務，可謂是全人、全程與全家的人性關懷服務。簡單來說，這樣的服務模式是從臨終關懷出發，經過殮、殯、葬、祭，到整體的悲傷輔導。

針對這樣的服務內容，我國禮儀師的證照考試也應提出相應的考

試科目。首先是相應於臨終關懷及悲傷輔導的部分。由於這兩個部分有很密切的關聯，如果我們沒有從臨終時就開始介入臨終者與生者的悲傷輔導，那麼這樣的悲傷輔導是很難達到較佳效果的；同樣地，如果我們的臨終關懷與悲傷輔導脫節，那麼這樣的臨終關懷也很難克竟其功。因此，我們建議將臨終關懷與悲傷輔導合成一科來考，表示我國的禮儀師證照考試不但是非常注重人性關懷的部分，也深深了解這兩者的一體關係。

其次是相應於殯葬禮儀的部分。由於我國的殯葬服務特色是在於用禮儀服務生者與亡者，因此禮儀成為我國殯葬服務的核心。所以，我們建議殯葬禮儀應獨立成科，表示我國的禮儀師證照考試非常重視殯葬禮儀的部分。不過，由於我國的殯葬禮儀和宗教以及生死觀的部分有相當密切的關係，前者的深層意涵需要藉由後者來深挖與彰顯，因此我們建議一併納入殯葬禮儀的考試當中，以完整整個殯葬禮儀的形式與內容。至於，殯殮葬會場之規劃及設計、指導喪葬文書之設計及撰寫、指導或擔任出殯奠儀會場司儀這三部分，由於都是用來協助殯葬禮儀的安排與完成，因此我們建議合成殯葬實務一科來考。此外，還有遺體美容與防腐的部分，也是屬於協助殯葬禮儀的安排與完成的部分，所以應該一併列入殯葬實務當中一起考。

最後，除了上述的考試科目外，我們還建議加考殯葬法規、殯葬倫理與公共衛生三個部分，並將三者合成殯葬服務一科來考。加考殯葬法規的理由是，禮儀師的執業是根據法令的規範而來，表示這樣的服務是不同於以往無法律規範的服務，因而禮儀師必須嫻熟相關的法令才能提供合法的服務。加考殯葬倫理的理由是，職業倫理是該職業服務的規範與精神所在，屬於自覺的服務層次，因而禮儀師必須依據相關職業倫理，才能提供合乎人性的服務。加考公共衛生的理由是，禮儀師具有維護公共衛生的職責，因此在職業上必須具備公共衛生的

知識與技能，才能維護個人與喪家的衛生安全。

除了上述所建議的考試科目外，我們認為與禮儀師證照考試有關的教育更為重要。如果沒有相關的殯葬教育作為先導，那麼我們就很難有相關的實務與研究，也就無法對殯葬服務提供改善的建議與方案，更無法提供證照考試改進的意見。此外，我們對於證照考試命題方式的迷思，也有加以破解的必要。相對於美國的選擇題命題方式，我國的申論題命題方式就顯得有點學究。今天如果我們的重點放在學術研究上，申論題會是一種比較合適的方式。如果我們的重點放在實務的執行上，那麼選擇題會是一種較合適的方式。因為，我們的重點不在看出應考者的研究成果，而在於藉著考試題目的設計，研判應考者是否熟知應有的殯葬服務內容。所以，整個禮儀師的證照考試除了考試科目值得注意外，殯葬教育科系的設立以及考試命題方式都值得我們注意與關懷。

第三篇　殯葬服務的現況與發展

第八章　台灣殯葬服務的發展趨勢

✚ 第一節　前言

　　過去，我們一直以爲殯葬服務是千古不變的。如果有人想要改變殯葬服務，那麼殯葬業者就會提出自古皆然的說法，作爲拒絕改變的理由。但是，自從一九九四年國寶北海福座禮儀服務部門成立以後，率先引進日本式的殯葬服務模式，台灣的殯葬服務開始有了初步的改變，只是當時這種改變並沒有立刻引起社會大眾的注意。眞正引起社會大眾注意而成爲殯葬業不得不接受的變革，則是一九九六年成立的龍巖集團禮儀服務部門，在一系列的媒體宣傳廣告推波助瀾下，讓社會大眾了解殯葬服務可以是像日本那樣的服務。經過多年的努力，最後這種日本式服務的模式終於受到台灣民眾的肯定，成爲目前台灣殯葬服務的基準。[1]

　　那麼，爲什麼這樣的服務模式可以打破殯葬服務不能改變的神話？其中，有幾個值得我們注意的因素。

　　第一、當時台灣的經濟繼續維持在相當高的程度，雖然已經過了經濟的高峰期，但是長期薰陶的結果，使得一般民眾對於生活有了較高的要求。由於這種要求較高品質習慣的養成，讓民眾對於與死亡有關的殯葬也有了較高的需求。問題是，民眾的殯葬服務需求雖然提高了，然而滿足民眾需求的殯葬服務並沒有相對提高，因此，導致殯葬需求與殯葬服務之間的落差。當時的國寶集團與龍巖集團就看到此一落差的存在，適時引進日本式的殯葬服務，進而造成了台灣殯葬服務的變革。

　　第二、台灣民眾在殯葬消費的態度上，基本上是採取厚葬的態度。他們之所以如此，除了傳承自傳統文化的孝道外，也來自於社

會奢華風氣的影響。在這樣的風氣影響下，他們一方面認為人一生只死一次，長輩辛苦了一輩子，無論如何都該讓長輩風光往生；另一方面是為了表示身為晚輩的孝心，他們認為殯葬消費的多寡是反映晚輩孝心的指標。因此，對家屬而言，只要葬禮風光就好，至於花多少錢都無所謂。結果造成有錢人辦喪事奢靡浪費，沒有錢的人便借錢辦喪事。最後，造就了殯葬業死人錢最好賺的流行說法。如果上述的高殯葬消費真的帶來了高殯葬服務，那麼這樣的花費也是值得的。可惜的是，上述的高殯葬消費不但沒有帶來高殯葬服務，相反地，帶來的還是低殯葬服務。所以，當時的國寶集團與龍巖集團在覺察這種消費不合理的現象與含藏其中的商機之後，決定採用物美價廉的殯葬服務策略，作為吸引民眾上門的利器。結果證實，這樣的作法不但成功的吸引了消費者，也間接促成殯葬服務的變革。

第三、在殯葬服務的形象方面，台灣過去的殯葬服務並不講究形象。一般的殯葬業者在服務時，通常是穿著短褲、內衣就上場了，完全不理會家屬的感受。他們之所以採取這種形象，並不是因為他們有意這樣做，而是源於社會對於死亡的認知與要求。換句話說，這是因為社會大眾把死亡視為社會邊緣事務的結果。但是，根據傳統文化的另一種理解，死亡也應該是一種衣錦榮歸的旅程。所以，我們應該用最敬禮的方式將亡者送上旅程。因此，當時的國寶集團與龍巖集團意識到這種榮歸的需求，引進日本式的正式服務形象，讓消費者覺得殯葬服務就是一種榮歸的服務，形成另一個殯葬變革的作法。

第四、在殯葬服務透明化方面，過去的殯葬服務基本上都是黑箱作業，喪家完全不知道有關的服務內容與價格。如果有喪家對此提出質疑，那麼殯葬業者的答覆通常不是提出相關內容與價格做說明，而是要求喪家要對殯葬業者有充分的信心，否則殯葬服務將無法順利完成。因此，喪家為了順利辦完喪事，只好忍氣吞聲地配合業者的說

法。但是，這種解決問題的作法不僅傷到了消費者，也傷到了業者。當時的國寶集團與龍巖集團就看到這種服務不透明化的後果，逐用服務透明化的方式作爲行銷的策略。結果不但產生了吸引消費者上門的效果，也間接造成了殯葬的變革。

在了解了上述有關殯葬服務變革的幾個因素以後，我們確知殯葬服務是可以改變的。既然殯葬服務是可以改變的，那就表示殯葬服務會有一個變化的趨勢出現。對於這個趨勢的了解，將有助於我們改善殯葬服務。因此，我們接著要探討的問題是，殯葬服務的發展趨勢爲何？也就是說，這樣的服務變革究竟有沒有一個止境？如果這樣的變革是有止境的，那麼這個止境在哪裡？如果這樣的變革是沒有止境的，那麼這樣的變革是否就完全無跡可循？還是有一個基本的脈絡？唯有徹底解答這些問題，我們的殯葬服務才有可能逐步貼近消費者的殯葬需求。否則，殯葬業者所謂的如何圓滿消費者的殯葬需求的說法，都只是一種宣傳，缺乏服務的實質意義。

✚ 第二節　台灣殯葬服務的現況

爲了了解目前台灣的殯葬服務是否已經達到圓滿的境地，我們需要先了解台灣殯葬服務的現況。只有在確實了解現況之後，我們才能給予正確的評估。一旦有了正確的評估之後，我們就可以斷言台灣目前的殯葬服務是否正如殯葬業者所說那樣的圓滿，還是仍有改善的空間，表示殯葬服務還能繼續發展。以下，我們先行了解台灣目前的殯葬服務。

首先，我們探討目前台灣殯葬服務的形象問題。關於這個問題，我們可以分別從服裝、儀容與言行舉止三方面來看。

就服裝的部分而言，殯葬服務人員男性原則上以西裝為主，女性以套裝為主。他們之所以有這樣的服裝穿著，是因為目前的社會是以這樣的穿著為主。一個人如果能夠穿著這樣的服裝，除了可以表示他的慎重與正式以外，還可以表示他的上流身分。然而，只有這樣的穿著還不足以代表公司的服務形象。因此，有的公司還會設計能夠代表公司精神或特質的標誌以及相關證件，讓員工佩帶，以完整化公司的服務形象。

就儀容的部分而言，殯葬服務人員原則上需要將自己的容顏整理乾淨。男性除了需要刮乾淨自己的鬍子以外，還需要整理好自己的頭髮，讓自己看起來踏實可靠；女性除了要整理好自己的頭髮以外，還要上點淡妝，讓自己看起來親切宜人。整體而言，殯葬公司對於殯葬服務人員儀容的要求，目的在於讓消費者對於公司有一個好印象，以便贏得消費者的信賴。

就言行舉止而言，殯葬服務人員原則上應當語調輕柔，談吐溫文爾雅，舉止溫柔體貼，讓消費者充分感受到殯葬服務人員的關懷與尊重。因為，對殯葬公司而言，如果服務人員不能夠做到這些要求，那麼消費者就無法對公司產生信任感，也就無法將喪事安心地託付給殯葬公司。[2]

其次，我們探討目前台灣殯葬服務的行銷問題。對於這個問題，我們可以分為傳統式的行銷方法與現代化的行銷方法。

就傳統式的行銷方法而言，殯葬服務人員除了需要提供一些說服消費者接受服務的說詞以外，還需要提供一些相關的書面資料，讓消費者對於服務的內容有進一步的了解。此外，為了取信於消費者，讓消費者能夠具體了解服務內容的相關產品，並進一步決定產品項目，殯葬服務人員還需要陪同消費者參觀產品展示間，並提供更詳盡的解說與建議。一旦消費者同意殯葬服務人員所提供的殯葬服務內容，那

麼殯葬服務人員還會進一步提供契約的簽定，讓消費者安心地將殯葬事宜移交給殯葬服務人員處理。另外，對於不是現場的消費者，一般的殯葬公司通常會訴諸平面媒體的廣告或相關置入性的報導，作為吸引消費者上門的方法。

就現代化的行銷方法而言，殯葬服務人員的行銷方式與傳統式的行銷方法不同。一般而言，殯葬服務人員會借助現代化的科技產物作為行銷的輔助器材，例如電腦、多媒體等等。就電腦而言，有的殯葬公司會將服務項目、產品內容、價格規定以及過去的服務績效一起輸入電腦當中，讓殯葬服務人員在接洽生意時，能夠即時具體地將相關服務內容展示給消費者知道，使消費者產生購買的信心。就多媒體而言，有的殯葬公司會用多媒體的方式介紹公司的由來、服務精神、服務項目、價格規定以及過去的服務績效等等，讓消費者對於公司有一個具體的了解，以便產生購買的信心。關於這些現代化科技產物的應用問題，殯葬公司通常會針對服務對象的狀況而有不同的運用。例如針對現場的個別消費者，一般的殯葬服務人員是採用手提電腦的說明方式。針對現場的集體消費者，一般的殯葬服務人員是採用多媒體的說明方式。至於不是現場的一般消費者，一般的殯葬公司除了採用電視媒體的宣傳管道、相關置入性的報導或購物頻道以外，也採用網路的說明方式。[3]

再次，我們探討台灣殯葬服務的產品、價格與服務人力定型化的問題。關於這個問題，我們可以分別從產品、價格與服務人力三方面來討論。

就產品的部分而言，如果殯葬公司沒有將產品分類清楚，那麼殯葬服務人員就無法有效率地介紹公司的殯葬產品給消費者。如果殯葬公司沒有將產品的名稱標示清楚，那麼殯葬服務人員也就無法一目了然地將公司的殯葬產品介紹給消費者。如果殯葬公司沒有將產品的數

量標示清楚，那麼殯葬服務人員就無法給予消費者明白的交代。如果殯葬公司沒有將產品的材質與產地做一清楚的說明，那麼殯葬服務人員就無法將殯葬產品可靠地介紹給消費者。由此可知，現代化經營的殯葬公司爲何要如此重視產品的分類、名稱標示、數量標示、產品材質以及產地來源的交代。唯有如此，殯葬公司的產品推銷才能獲得消費者的信賴。不過，這樣的公司作爲不僅有利於產品的推銷，也有利於公司本身的進貨管理。

就價格的部分而言，一家殯葬公司要如何取得消費者的信任，價格的透明化是一個很重要的手段。過去殯葬服務受到消費者的極大詬病，主要因素之一就是價格的不透明化。因此，現代化經營的殯葬公司都知道價格透明化的重要性。一旦價格透明化以後，殯葬服務人員在推銷公司的產品時，很容易就能贏得消費者的信任。同時，由於價格的定型化，消費者也不用擔心簽約後的費用會毫無理由地增加。此外，價格透明化還有一個很大的優點，那就是透過套餐的方式，讓消費者得以依據自己的經濟能力進行殯葬消費的選擇。

就服務人力的部分而言，過去由於沒有明顯的規定，因此在實際服務時很容易產生認知上的差異。如果喪家認爲服務人力過於單薄，那麼增加人力的結果就是增加喪家的負擔。如果喪家認爲服務人力過多，那麼減少人力的結果就是減少殯葬公司的利潤。爲了避免這種認知差異情形的出現，現代化經營的殯葬公司都會將相關的服務人力做一個明確的規定，讓殯葬服務人員在進行說明時，可以有所依據，也讓消費者有一個清楚的認識。

最後，我們探討殯葬服務模式的問題。關於這個問題，我們可以分別從服務的方式與服務的內容兩方面來談。

就服務的方式而言，過去的殯葬業者主要採取的是被動服務的策略。他們之所以採取這樣的策略，是因爲當時的社會充滿了死亡的禁

忌。當一個人還沒有死亡之前，殯葬服務人員是不適合主動介入的，否則會被認為是不吉利的事情。同樣地，在一個人喪事處理完之後，殯葬服務人員就該離去，而不適合繼續與喪家接觸，否則也會被認為是不吉利的事情。

相反地，現代化經營的殯葬公司則採取主動服務的策略。對他們而言，被動服務的策略無法讓消費者感受到公司的熱誠，也無法主動擴大服務的對象。因此，為了改變消費者的印象，也為了擴大服務，現代化經營的殯葬公司認為主動服務的策略可以達成上述的任務。

那麼，他們如何實踐這樣的策略呢？首先，他們藉著販售生前契約的機會，主動提供一些與死亡相關的資訊，讓消費者了解死亡發生時可能遭遇到的問題。其次，他們透過免費諮詢電話或網路的服務，讓消費者了解整個喪禮可以如何安排。再次，他們藉著生死教育講座的舉辦，培養消費者面對死亡有備無患的想法。最後，他們提供悲傷輔導的服務，讓消費者可以安然度過喪親悲痛的煎熬，並由此建立殯葬服務的口碑。[4]

就服務的內容而言，過去的服務內容主要侷限於殮、殯、葬上。過去之所以將服務內容侷限在此，是因為死亡禁忌的關係。對當時的人而言，死亡的事情在發生前與處理完後都不該去說或去碰，否則會帶來更多的不幸。為了避免不幸事情的發生，因此有關死亡處理的事情應該集中在遺體處理上，而不應該涵蓋死亡前的臨終與死亡後的悲傷輔導。

問題是，這種面對死亡的態度是不健全的。因為，有關死亡問題的處理不是從死亡才開始的，而是在預知死亡的來臨就開始了。同樣地，有關死亡問題的解決也不是在遺體處理完就行了，必須等到家屬的悲傷情緒結束恢復正常生活才算完成。所以，過去以遺體處理為主的殯葬服務無法圓滿處理死亡的問題。

　　現代化經營的殯葬公司看出過去服務模式的不足，因此提出新的服務模式，將服務的內容從過去的殮、殯、葬擴充至臨終關懷、殮、殯、葬、悲傷輔導。[5]

　　關於臨終關懷的部分，他們主要提供法律諮詢、財物處理、社會資源尋找、喪禮安排等等服務。[6] 除此之外，現在有越來越多的殯葬公司提供精神層面的臨終關懷，如面對因病死亡的亡者，殯葬服務人員就會告訴亡者：「病好了！」「要回家了！」等等，一方面安撫亡者讓亡者安心死去，一方面安慰家屬讓家屬寬心。[7]

　　至於殮、殯、葬的部分，現代化經營的殯葬公司也不像過去那樣，採取一成不變的服務方式，而開始有了許多不同的創意，設法改善殯葬服務的內容。

　　例如在殮的部分，遺體美容不再採用臉頰兩坨胭脂的上妝法，而採用現代專業的上妝法；淨身部分也開始引進沐浴的作法，如龍巖集團從日本引進灌湯車，改善過去擦拭作法的不足；壽衣部分則不再過度強調壽衣的必要性，而逐漸以個人生前喜歡的衣著取代。此外，有關水床的部分，也不再使用門板鋪設，而改用鋁合金式的伸縮床。

　　在殯的部分，過去奠禮堂的布置是以三寶架為主，亡者的照片就直接放置於三寶架之上，而棺木則放置於三寶架之後，整個奠禮堂的氣氛顯得十分詭魅。現在的布置方式就不太一樣，開始有了不同的擺設方法。例如花海與羅馬柱就成為整個布置的重心，照片則放在花海當中或用放大的休閒照豎立在花海之後，整個奠禮堂的氣氛感覺上自然多了。

　　此外，在整個奠禮堂的設計上，也不再只是單純的裝飾品布置而已，還會思考如何將亡者的生平融入會場的布置當中，如利用簡單的布告板展示亡者生前的相關物品，或是利用電子顯示幕播放亡者生前的片段，讓亡者成為整個奠禮堂的真正主角。

　　至於整個儀式的進行，方式也與過去不太一樣。過去的儀式是以司儀為主，家屬基本上只是行禮如儀的人。因此，有人就笑稱這樣的喪禮是司儀家的喪禮，而不是喪家的喪禮。為了改善這種主客易位的作法，殯葬服務人員就將祭文撰寫與誦讀的權利還給家屬，由家屬來完成相關的儀式。

　　在葬的部分，過去是以土葬和火化進塔為主，現在則進一步擴大葬的方式。除了土葬與火化進塔仍為選擇的項目外，殯葬公司更進一步提供海葬、樹葬與花葬等自然葬的選擇，讓消費者有機會可以死後直接回歸自然。[8]

　　最後，有關悲傷輔導的部分。過去的殯葬服務是不談論悲傷輔導的，他們只提供祭的服務，認為悲傷輔導的事情與他們無關。現代化經營的殯葬公司認為這樣的服務是不足的，因此進一步提供悲傷輔導的服務。不過，對他們而言，所謂悲傷輔導的服務就是後續關懷的服務。就他們而言，後續關懷的服務包括祭的安排、通知與接送的服務，客戶問卷滿意度調查的服務，以及電話關懷與卡片關懷的服務。[9]

✚ 第三節　對上述服務現況的省思

　　在了解台灣殯葬服務的現況以後，我們進一步省思這樣的服務作法是否已經足以解決死亡所帶來的問題。如果這樣的作法的確能夠解決死亡所帶來的問題，那麼這樣的服務就已經臻於圓滿的境地。對於這種圓滿的作法，我們當然就只有接受的份，而無法提供任何改善的建議。如果這樣的作法並沒有表面看來那麼完善，那麼我們自然就有機會提供相關的改善建言。問題是，現在的台灣殯葬服務到底是處於哪一種境地呢？

對於這個問題，我們可以從人性需求的角度來尋求解答。就殯葬服務本身而言，殯葬服務的目的在於協助人們解決死亡所產生的問題。[10] 如果這樣的說法可以成立，那麼我們可以進一步從這個角度審視上述的服務作法，看這樣的作法是否已經滿足了人性的需求。倘若上述的作法的確滿足人性的需求，那麼這樣的作法應當已經臻於完善的境地。倘若上述的作法還無法滿足人性的需求，那麼我們就可以設法尋求可能符合人性的作法。

首先，我們省思台灣殯葬服務的形象問題。對於這個問題，我們雖然可以分別從服裝、儀容與言行舉止三方面來看，但是由於這個問題有共同的盲點，因此我們可以予以統一的處理。一般而言，殯葬服務的核心價值是根據社會的主流價值而定。這樣的價值設定，站在服務社會的立場而言，並沒有什麼問題存在。但是，殯葬服務的對象主要並不是社會而是個人。所以，一個只適合於社會的殯葬服務形象，絕對不是一個符合個人人性需求的服務形象。

例如上述的西裝與套裝的穿著，對於一個樂於接受這樣穿著的人而言，這樣的穿著是符合他個人需求的。但是，對於一個不喜歡這樣穿著的人，這樣的穿著就沒有符合他個人的意願。

其次，我們省思台灣殯葬服務的行銷問題。關於這個問題，上述雖然分出傳統式的行銷方法與現代化的行銷方法，但是在行銷上都有相同的問題。對於一般的殯葬公司而言，所有行銷的作法，無論是傳統式或現代化的方法，目的都在於將公司的服務推銷出去，讓消費者能夠迅速接納。然而，這種行銷的方法是站在公司推銷的立場上，而不是站在消費者需要的立場上。因此，殯葬公司在行銷時，常常會因著公司的需要而扭曲消費者的需要，使得消費者成為公司推銷自己服務的犧牲者。

例如一般的殯葬公司在行銷時，常常會採取誇大不實的策略，讓

消費者誤以為公司的服務就是如此。等到真的實際服務時，才發現那只是公司吸引消費者上門的一種手段。此時，消費者就會產生受騙的感覺，而覺得不被尊重。

再次，我們省思台灣殯葬服務產品、價格與服務人力定型化的問題。關於這個問題，我們把重心放在產品標示的問題上。就目前的產品標示而言，不僅有的產品標示不明確，有時甚至標示不實，讓消費者無法獲得確實的訊息。不只如此，一般殯葬公司對於產品的用途也常常缺乏進一步的說明，使得消費者只知配合使用，而無法了解為什麼要做這樣的選擇與使用。

例如燒庫錢的問題。為什麼要燒庫錢？要燒多少庫錢才算合理？[11] 殯葬服務人員照理應該要給消費者一個明確的說明，而不能只是要消費者配合著燒就對了。否則，這樣做的結果，就完全沒有尊重到消費者知的權益。

最後，我們省思台灣殯葬服務的模式問題。對於這個問題，我們集中在服務模式內容的探討上。由於服務模式的內容牽涉到臨終關懷、殮、殯、葬與悲傷輔導等部分，因此我們分別予以探討。

就臨終關懷的部分而言，目前關懷的重點放在法律諮詢、財物處理、社會資源尋找、喪禮安排上。一般的殯葬公司之所以把重心放在這裡，是因為他們認為這些問題都有一定的規範較容易處理。不過，這些處理基本上都只是一些外在的處理，而沒有深入到人性的深層。對於一個面對死亡的人而言，這樣的處理方式只是對人間做交代，並沒有對永恆做交代。如果我們真的想對永恆做交代，那麼就不能忽略人性深層的部分。

有的殯葬服務人員意識到這點，就進一步提供相關的服務。如對因病往生的人，他就會提供相關的服務。問題是，如果這樣的服務只是說了「病好了」、「回家了」等等話語，那麼這樣的服務實在不能

算是真正深層人性的關懷。我們最多只能說，這樣的服務具有精神關懷的形式，而缺乏精神關懷的實質。因此，這種服務自然無法產生真正關懷的效果。

就殮、殯、葬的部分而言，我們發現台灣的相關作法已經有了極大的改變，它不再只是因襲過去的服務方式，而知道藉由新作法的引進提高服務的水平。但是，提高服務水平是一回事，是否真的滿足人性需求則是另外一回事。例如有關遺體美容的部分，有的殯葬公司試圖引進噴槍的作法，[12] 認為這樣的作法可以提高從業人員的工作安全性，避免一些不必要的職業傷害。雖然這樣的作法對於從業人員的工作安全性的確增進了不少的保障，但是對於受服務的對象而言，並沒有讓亡者得到更人性化的對待，反而讓亡者看起來更像是物品。因此適當與否，還有待商榷。

除了這種新作法是否符合人性要求的問題以外，我們還有整個服務方式是否夠人性化的問題。例如殯的部分，我們已經知道要將祭文的撰寫權利與誦讀權利交還給喪家，但是殯葬服務人員有沒有清楚交代交還的理由？一般而言，殯葬服務人員通常是不交代這些理由的，因此，喪家也就無從了解這項作為的真正人性意義。

就悲傷輔導的部分而言，一般的殯葬公司提供的服務項目是，與祭有關事項的安排、通知與接送的服務、客戶問卷滿意度調查的服務，以及電話關懷與卡片關懷的服務。這些服務中的前兩項，並沒有直接與悲傷輔導有關，而是藉著順利進行祭的活動與喪禮的活動來產生安定家屬的效果。至於這些服務的第三項，雖然對悲傷的紓解或多或少會有一些效果，但是這些作為基本上只能算是一般性的問候與關懷，還沒有辦法達到悲傷輔導的專業性。如果真的要說具有悲傷輔導意義的部分，那麼祭本身可以算是擁有這樣的意義。可惜的是，祭本身固然可以具有悲傷輔導的意義，不過由於參與過程中，殯葬服務人

員並沒有將祭的意義予以人性化的說明，因此，參與家屬只能行禮如儀，而無法落實祭本身的悲傷輔導效果。

✚ 第四節　人性化的殯葬服務趨勢

從上述的省思可知，台灣的殯葬服務雖然已經不同於以往，但是這樣的改變幅度，仍然沒有完全臻於人性化的程度。之所以這樣，主要是因為台灣的殯葬服務對於人性化的意義尚未了解得很好。因此，在殯葬服務改革的過程中，一般業者常常提出優質化的觀念，認為優質化代表的就是最佳的殯葬服務，忘記了優質化的觀念其實是產品的觀念，而不是人性化的觀念。如果我們真的想要進入人性化的境地，那麼個人需求的滿足是一個需要我們認真思考的部分。唯有個人的需求得到真正的滿足，人性化的殯葬服務也才有可能實現。以下，我們針對上述省思的結果提出建言。

首先，我們對台灣殯葬服務的形象問題提出建言。就殯葬服務的形象問題而言，我們認為台灣殯葬服務目前的作法，重心太過放在客觀形象的建立上。雖然這樣的強調有其時代性的意義，但是如果我們只是強調這一面，那麼台灣殯葬服務的形象部分將很難進入人性化的境地。因此，為了讓台灣殯葬服務的形象部分能夠進入人性化的境地，我們必須暫時放下公司社會形象面的思考，而轉向個人服務面的強調。因為，只有強調個人服務面，這樣的殯葬服務才能滿足喪家的需求。否則，我們服務喪家的結果，不是凸顯喪家的個別性，而是凸顯喪家的共同性。這麼一來，我們就無法讓喪家在殯葬服務中獲得其應有的尊嚴。

例如一般人在接受殯葬服務時，最初會認為服務人員的西裝與套

裝的穿著是很合宜的，也能讓喪家覺得倍感尊榮。可是，當我們進一步深入人性本身，就會發現這樣的形象服務其實未必是我們真正想要的選擇。我們真正想要的可能是其他形象的服務，例如休閒式的服務形象。因此，我們要提供哪一種形象服務，嚴格說來不是決定於公司本身，而是決定於消費者本身。唯有滿足於消費者本身的形象服務，才是真正的人性化形象服務，也才能讓消費者覺得真的有尊嚴。

其次，我們對台灣殯葬服務的行銷問題提出建言。就殯葬服務的行銷問題而言，台灣的殯葬服務過度強調包裝，而沒有認真的強調落實的問題。對他們而言，落實本身是一件不容易的事情，一方面需要相應的了解，讓行銷與實際吻合；二方面需要殯葬服務人員的配合，讓行銷與服務能夠結合。就第一點來看，行銷與實際的吻合需要相當深入的知識與作法的配合。關於這一點，殯葬公司就很難滿足。因為，對他們而言，殯葬服務與其說是一種人性的服務，不如說是一種商業的服務。既然如此，殯葬服務只好成為催眠式的服務，讓消費者信以為真即可。就第二點來看，行銷與服務的結合則需要公司提供相應的培養。關於這一點，殯葬公司也很難提供。因為，對公司而言，利潤高於一切，服務基本上也只是為利潤服務而已。因此，要殯葬公司落實這樣的服務是很難的。再加上公司的獎金制度，讓殯葬服務人員更難往這個方向改進。不過，很難調整是一回事，是否需要調整是另外一回事。一旦競爭壓力大過公司所能負荷的時候，公司為了增強本身的競爭力，自然會往人性化的行銷方向走。屆時，上述兩個問題也會得到解決。

例如有的公司會強調出殯當天的圓滿就代表整個喪禮的圓滿，甚至於是亡者與生者的圓滿，但是這種說法其實是一種誇大其辭的行銷說法。事實上，出殯當天的圓滿只是當天的圓滿而已，而不能代表其他階段也是圓滿的，更不能說是亡者與生者的圓滿。此外，出殯當

天的圓滿又是如何判定的呢？是因為這樣的作法已經滿足了社會的需求，還是真的滿足了個人的需求？如果只是滿足社會需求，那麼這樣的圓滿其實是不圓滿的。如果是滿足個人的需求，那麼這樣的圓滿應該才是真正的圓滿。所以，殯葬服務人員為了達成這樣的效果，有必要事先了解亡者與家屬的意願，尊重亡者與家屬的自主權。

再次，我們對台灣殯葬服務的定型化問題提出建言。就台灣殯葬服務的定型化問題而言，一般的殯葬公司都太強調定型化的重要性。彷彿只要產品、價格與服務人力定型化之後，公司的服務自然可以取信於消費者。問題是，定型化只是取信於消費者的一個手段，還需要其他配套措施的配合。例如在整個定型化的過程中，殯葬公司必須讓消費者覺得這樣的定型化是合理的，是真的符合消費者的需求，而不是單純的商業手段。為了達到這個目的，殯葬公司除了要建立一個合理的規範模式外，還要讓消費者了解這些相關的規定都是必要的。

例如燒庫錢的問題。當消費者要求要燒庫錢的時候，殯葬服務人員除了提供目前一般人燒的數量作為參考外，還要進一步說明，讓消費者了解是否真的需要燒到這麼多，燒庫錢的用意何在，是否需要燒庫錢等等，使消費者不僅知道要如何燒，也知道為什麼要燒，燒了以後有什麼作用，藉此達成人性化服務的效果。

最後，我們對台灣殯葬服務的模式問題提出建言。就台灣殯葬服務的模式問題而言，我們認為這樣的服務模式其實已經非常完整，可以說是涵蓋了整個死亡的問題。過去我們在死亡的禁忌下，認為殯葬服務只能是有關遺體處理的服務，因此，殯葬服務只能集中在殮、殯、葬的部分。現在，我們非常清楚這樣的服務是不足的。因為，有關死亡問題的處理，除了會有死亡即將到來的預期性問題外，還有喪事辦完以後的後續性問題。所以，殯葬服務的模式應該涵蓋臨終關懷、殮、殯、葬、祭與悲傷輔導。

　　表面看來，這樣的服務模式已經足以化解死亡所帶來的問題。但是，我們發現這樣的服務模式並沒有很清楚地交代這些項目的關係。為了讓整個服務模式可以圓滿地化解死亡所帶來的問題，我們建議上述服務模式項目的關係為：整個服務過程是一個從臨終關懷經殮、殯、葬到祭的過程，而悲傷輔導則是貫穿整個過程的主軸。

　　如果上述的服務模式真的已經十分完整，那麼這樣是否表示殯葬公司的服務內容也跟著完整化了呢？其實只要我們仔細審視殯葬公司的服務內容，就會發現其中問題所在。對殯葬公司而言，臨終關懷不是法律諮詢、財物處理、社會資源尋找、喪禮安排的服務，就是「病好了」「回家了」的安慰話語的服務。可是，真的人性化服務不應該止於如此，它應該是可以協助臨終者與家屬面對死亡的服務。因此，在整個服務過程中，我們必須從人間的表層需求進入生命的永恆需求中。為了達成這個目的，我們需要協助臨終者與家屬尋找死亡所開啟的永恆意義。

　　例如上述的「病好了」、「回家了」的話語，只傳達了安慰的心意，而無法提供進一步的訊息，讓初終者與家屬有一個永恆的體悟。如果我們要提供這一個體悟的機會，那麼就必須在這些話語上做進一步的詮釋。像是「病好了」就不只是生理的病好了，也包括精神的病好了，整個生命已經臻於純淨的境地。還有「回家了」的說法就不只是單純地空間上回家，還包括精神上的回家，如祖先所在的老家、上帝所在的天家等等。

　　同樣地，殮、殯、葬的部分也是一樣。我們發現殯葬公司雖然在這些方面有一些創新的作法，但是由於這些作法的用意不在於服務人性，而在於增加商業上的吸引力，因此無法密切地貼合於人性。為了密切貼合於人性，我們必須深入殮、殯、葬的人性意義，再根據這些意義，重新檢視上述創新的作為，看看應該如何調整才能符合人性的

需求。

　　例如上述祭文的問題。我們不僅要家屬參與祭文的撰寫，更要家屬成為祭文誦讀的主角。我們之所以要這樣改變，主要是因為這場喪禮是家屬的喪禮，我們有必要讓家屬清楚認知自己主角的身分。此外，我們也希望家屬了解誦讀祭文的用意，在於讓家屬與亡者擁有人間最後一次對話的機會。同時，藉著此一對話的機會表達彼此間傳承不息的關係，讓亡者可以得到真正的安息。

　　至於悲傷輔導的部分，我們發現與祭有關事項的安排、通知與接送的服務，客戶問卷滿意度調查的服務，以及電話關懷與卡片關懷的服務，都很難稱得上是真正的悲傷輔導服務。如果我們真的要深入悲傷輔導的部分，那麼就必須進一步了解死亡所引起的情感與關係的問題，設法尋求解決的關鍵。唯有如此，我們才能提供符合人性需求的悲傷輔導。

　　例如有關祭的問題。我們發現家屬之所以在意祭的問題，是因為家屬希望亡者死後有一個美好的去處。因此，我們在祭的悲傷輔導服務中，就必須將這樣的需求放在家屬參與的過程裡。此時，我們不能讓家屬只是當一個行禮如儀的參與者，而必須讓家屬成為整個祭禮過程中的主角。為了達成這個目的，我們除了一方面要讓家屬了解參與的意義，另一方面也要讓家屬知道如何參與。換句話說，我們不但要讓家屬當主角，還要讓家屬承擔將亡者送往美好去處的任務。在經過這樣的參與後，家屬不再只是一個旁觀者，而成為與亡者禍福相繫的生命共同體。如此一來，家屬藉著個人的參與，不僅化解了自己內心的憂慮，也重新聯繫了自己與亡者的關係。

✚ 第五節　結論

　　總結上述所言，我們發現台灣的殯葬服務不僅較過去的服務來得細緻，也與過去的服務有極大的不同。例如在形象方面，現在的西裝與套裝的形象要較過去來得體面，而且符合社會的主流價值。在行銷方面，現在的e化行銷方式不僅較過去要現代化得多，而且多元化，涵蓋了現場的客戶與潛在的客戶。在定型化方面，現在的產品標示、價格訂定與人力配置都較過去透明許多，且較為合理。在服務模式方面，除了現在的服務方式較過去主動外，服務內容也較過去完整許多，較貼合於人性的實況。

　　表面看來，現在的殯葬服務已經如此進步，那麼我們是否該滿足於這樣的服務呢？對一般人而言，這樣的服務似乎夠了，沒有必要再做什麼樣的改變。可是，如果我們不要將殯葬服務當成是一般的商品服務，那麼就會發現這樣的服務其實是不夠的。因為，殯葬服務所要解決的是屬於死亡所帶來的人性問題。因此，就人性服務的角度而言，我們發現台灣的殯葬服務還有很大的改善空間。換句話說，台灣的殯葬服務還沒有能力圓滿解決死亡所帶來的人性問題。

　　既然台灣的殯葬服務目前沒有能力化解死亡所帶來的人性問題，那麼我們應該如何調整才有機會解決呢？首先，我們要確立殯葬服務的人性化方向，把殯葬服務當成是協助亡者與生者化解死亡所帶來的問題的服務。其次，我們必須深入了解殯葬服務的意義，確認每一個服務環節的作用。最後，我們不單要設計符合人性的殯葬服務產品，還要進一步提供相關的解說，讓亡者與生者都能在意義的啟發中得到真實的安頓。

　　經過上述的調整，台灣的殯葬服務是否從此就進入圓滿的境地？根據上述探討的結果，我們認為台灣的殯葬服務在人性的方向上的確指向了圓滿的境地。但是，在實際的服務過程中，由於服務牽涉到個人的需求，而個人需求有極大的差異性，因此很難一概而論地說圓滿或不圓滿。如果真要說圓不圓滿，那麼也只有針對服務的當事人而言才有可能。所以，台灣的殯葬服務是一個既有止境又無止境的課題。

註解

1　當這樣的服務模式剛剛引進台灣的時候，一般殯葬業者都抱持著看好戲的心態，認為這樣的服務模式一定不會長久。結果沒想到這樣的服務模式不但慢慢地被一般民眾所接納，還蔚為殯葬服務的新風潮。最後，無論是現代化經營的殯葬業者，還是傳統式經營的殯葬業者，都不得不用這種模式服務喪家。

2　尉遲淦著，《禮儀師與生死尊嚴》（台北：五南，2003），頁9-10。

3　同註2，頁10-11。

4　同註2，頁11。

5　同註2，頁11-12。

6　這些殯葬公司的相關服務內容資料可以在網站上取得。如http://www.waiyan-xianghe.com.tw，http://www.lungyen.com.tw，http://www.newlifeweb.com.tw，http://www.memory.com.tw。

7　這種作法的代表公司，主要是萬安殯葬公司。萬安殯葬公司之所以特別強調這一個作法，是因為他們的客戶主要是醫院的病人。因此，藉著這樣的作法，殯葬公司希望家屬能夠感受到他們對於喪家的人性關懷。

8　在台灣，有關海葬的部分，高雄市是最早推出的。而樹葬的部分，則是台北市最早推出。

9　這些殯葬公司的相關服務內容資料可以在網站上取得。如http://www.waiyan-xianghe.com.tw，http://www.lungyen.com.tw，http://www.newlifeweb.com.tw，http://www.memory.com.tw。

10 王夫子著，《殯葬服務學》（北京：中國社會，2003），頁5。

11 關於庫錢該燒多少的問題，過去與現在有極大的落差。根據江慶林在《台灣地區現行喪葬禮俗研究報告》中所說，過去的燒法是從屬狗的六萬到屬牛的三十六萬（台北：台灣史蹟研究中心，1983。頁39）。現在則不同，動輒數千萬到數億。

12 引進噴槍作法的公司，主要指的是台灣仁本殯葬公司。他們常常會有一些頗具創意的作法，不過有的符合人性的需求，有的則否。例如六星級的服務設施就頗受好評。至於噴槍的引進，就未必會有相同的效果。

第九章 海峽兩岸殯葬服務比較

第一節　前言

　　如果我們仔細觀察海峽兩岸的殯葬改革步調，就會發現一個很有趣的現象，那就是雙方對於殯葬改革的策略都是從殯葬設施開始。為什麼大家都要選擇殯葬設施作為改革的起點呢？這是因為殯葬設施的改革效果最顯而易見。例如早期的公墓幾乎都處於亂葬與濫葬的狀態，使得整個環境的景觀受到極大的破壞。因此，只要將這樣的狀態做一徹底的改變，那麼整個環境的景觀就會得到極大的改善。如此一來，殯葬改革的成果就會為大家所接受。這是殯葬設施改革的第一階段。同樣地，在公墓的改革告一段落後，我們就會發現殯儀館與火化場的改革也很重要。因為，混亂的治喪場所也是影響環境景觀的一環。所以，第二階段的殯葬設施改革重心就放在殯儀館與火化場。通過這樣的改革，我們所看到的殯儀館與火化場就不會再那麼雜亂無章，而會變得比較井然有序。

　　不過，在完成殯儀館與火化場的改革之後，我們就會發現這樣的改革還是不夠的。因為，這樣的改革只是完成硬體部分的改革。對於整個殯葬改革而言，硬體的改革只不過是整個改革的一部分。如果我們只停留在硬體的部分，那麼就會發現整個改革似乎是虛有其表。因為，改革最重要的不是硬體部分，而是軟體部分。唯有在使用軟體的習慣改變之後，整個殯葬改革才能產生實質的效果。這麼說來，所謂的殯葬改革是需要全民參與以及全民改革的。表面看來，這樣的工程確實十分浩大。不過，只要我們深入了解，就會發現沒有想像中那麼複雜。理由非常簡單，那就是殯葬服務的提供者不是全民，而是殯葬服務人員。既然是殯葬服務人員，我們只要針對殯葬服務人員進行改

革，那麼整個殯葬改革的效果就可以立竿見影。[1]

　　從實際的運作情況來看，這種以殯葬服務人員的改革作為殯葬改革的下一個階段，是一個很正確的策略。但是，這種改革的推動似乎沒有想像中那麼簡單。主要的理由是，殯葬服務人員是整個社會當中最保守的一個階層。由於平時社會對於這一階層的人並沒有太多的照顧，可是在辦喪事時，卻又特別要求這一階層的人要提供良好的服務，在本身沒有能力自我提升、社會又吝於提供協助的情況下，這一階層的人原則上只能根據他們現有的作法提供服務。在這種情況下，他們所能提供的服務難有太高的表現。因此，我們很難奢望他們能有多大的配合。[2]

　　假使我們不能奢望他們做太多的配合，那麼殯葬服務水平的提升要從什麼地方來？我們發現學術社群應該是一個很好的來源。可是，過去由於學術社群對於這一個區塊沒有興趣，也沒有意願，因此我們很難直接從學術社群中找到改革的資源。幸好，這種情況目前已經出現了轉機。在學術社群當中，確實有些學者已經開始關懷殯葬相關事務。不僅如此，也有較多的殯葬服務業者意識到改革的需要，積極與學術社群聯繫合作，共同為殯葬改革的落實努力。在此，殯葬服務業者提供他們現實的作法，學術社群提供他們知識的構想，設法辯證地結合這兩者的優點，使整個殯葬服務的水平可以獲得實質的提升。以下，我們就海峽兩岸各舉一個例子作為比較參考。

✚ 第二節　大陸的案例——永安集團的服務模式

　　過去這幾年來，我們對於大陸殯葬業者的印象只有一個，那就是殯葬設施越做越好，好到連台灣都不得不把大陸的殯葬設施當成一個重要的參訪學習據點。現在，我們發現這種情況似乎有了些許的轉變。這種轉變的契機，是來自於天津永安集團新服務模式的出現。經由這種服務模式的出現，讓我們意識到大陸的殯葬業者已經從殯葬設施的改革進入殯葬服務的改革。換句話說，大陸的殯葬業者已經從個人特質的服務進入專業化的服務。例如過去我們會認為殯葬服務的重點在於服務人員的特質，只要服務人員的特質適合服務，那麼服務品質自然沒有問題。然而，這種服務充其量只是專業服務的前身，尚未進入真正的專業服務。如果我們想要真正進入專業化的服務，就不能停留在個人特質的服務上。因為，專業服務不是天生的服務，而是後天的服務。只要願意學習，每個人都有機會成為一流的殯葬服務人員。其中關鍵所在，就在於如何提供一流的服務模式。在這種服務模式的訓練下，殯葬服務人員自然可以表現一流的服務品質。

　　根據個人在天津永安集團的短暫觀察，我們發現天津永安集團的服務的確有不同於其他殯葬業者的地方。這種不同就是前面所提到的專業服務。那麼，我們是如何分辨出來的？這種分辨的標準很簡單，就是永安集團的服務不是放任旗下殯葬服務人員依據個人特質自由服務，而是需要經過一定的殯葬服務專業訓練。通過這樣的訓練，所有的殯葬服務人員可以表現出一定的服務水平。不僅如此，這些服務人員還表現出他們的團隊默契，讓整個殯葬服務呈現出整體感。對於這樣的服務內容，我們在下面會有進一步的分析。

首先，我們發現永安集團的殯葬服務不同於其他殯葬業者的地方在於服裝的要求上，對一般的殯葬業者而言，殯葬服務的服裝只要能夠符合社會的要求就可以了，至於其他的要求就不需要了。表面看來，這樣的思考並沒有錯。因為，殯葬服務的服裝本來就是應社會的要求而改變的。一旦社會滿意於現在的服裝，說真的我們也沒有必要提供進一步的改變。問題是，這樣的思考所滿足的只是沒有競爭的環境。當環境開始出現競爭的態勢時，如果我們還是停留在這樣的思考當中，那麼整個企業就會陷入缺乏競爭力的狀態。因此，面對這樣的競爭態勢，我們需要調整競爭的策略。這個策略就是，當所有的殯葬業者在服務時都是穿著制服，我們就需要思考如何在制服中凸顯出自己的服務形象。永安集團的服務形象就是在所有的制服中差異化自己的服裝形象。這種服裝形象的差異化，說簡單其實並不困難，說困難其實也不簡單。關鍵就在於如何在所有的社會服裝中找到凸顯自己服裝的樣本。簡單來說，這個樣本除了具有提升自己服務形象的功能以外，還需要能夠建立社會權威的形象。對於永安集團而言，符合這種形象條件的對象並不是很多，公安武警就是其中一個最顯而易見的例子。從一般民眾的心中印象來看，公安武警一方面是人民的保母，一方面也是社會安定力量的代表。如果我們可以延伸這樣的印象，那麼他們不只是陽間的守護神，也可以是陰間的守護神。所以，在這樣的思考底下，殯葬服務人員的服裝形象就可以以公安武警為師，進行部分的調整，使殯葬服裝形象具有類似的效果。通過這樣的差異化改造，殯葬服務人員不只是殯葬服務者，也是亡者與家屬的守護者，讓他們能夠安心地將喪事交給殯葬服務人員處理。

其次，在殯葬服務服裝的差異化之外，永安集團也發現殯葬服務本身的差異化一樣很重要。如果所有的服務重心只是放在服裝上，那麼我們將無法達成整體服務的效果。因為，服裝的不同只能帶來驚鴻

一瞥的效果。對於整個後續的反應來講，這種效果不但不能產生好的結果，反而帶來更糟糕的印象。因此，我們如果希望服裝的改造擁有真正的效果，就必須配合服務模式的改造。對永安集團而言，服務模式的改造其實是整個殯葬服務改造的重頭戲。那麼，他們是如何予以改造的？

對他們而言，這種改造不是一件很容易的事情。因為，在大陸的喪事處理上，過去已經有了一定的模式。例如以簡單的告別式作為整個殯葬處理的核心。一個人只要通過這樣的處理過程，也就可以對個人、家庭與社會做個交代。[3] 一般的殯葬業者在面對這樣的模式時，通常都習慣於蕭規曹隨地辦理，民眾也習慣於這種辦理方式。在這種情況下，如果想要標新立異，另外提供一套不同於過往的服務模式，那麼必定會感受到極大的壓力。對於永安集團而言，這種壓力雖然不是一件很容易承受的事情，但是在殯葬服務的競爭上，提供更有品質的服務更重要。倘若我們無法更新這樣的服務，那麼整個殯葬改革勢將陷入停頓的狀態。因此，殯葬服務模式的改造會是殯葬改革很重要的下一步。

那麼，他們在殯葬服務的改造上提供了什麼樣的模式？對他們而言，簡單的告別式看到的只是行禮如儀的過程，卻看不到服務的相關內容。如果殯葬服務是這樣的服務，那麼就失去了專業性。因此，我們如何在整個告別式過程中顯現出服務的專業性，就必須透過一些動作與儀式的設計來表現。就動作的部分而言，永安集團的服務人員本身需要經過嚴格的訓練，培養出一致的團隊動作。除此之外，他們還必須知道在何時需要表達他們對於亡者的敬意。例如在將靈柩放置於禮廳的定位時，他們需要提供最高的敬意給亡者。又如當靈柩準備進入火化爐時，他們一樣需要提供最高的敬意給亡者，表示對於亡者一生貢獻的肯定。這些都是透過動作所表現出來的服務。

此外，他們也透過儀式來表現他們的服務。例如他們就設計了一輛載運骨灰罐的仙鶴車來載運骨灰罐。當亡者火化完成後，一般的作法是直接將骨灰罐交給家屬，整個殯葬服務就算結束了。可是，永安集團的作法就不同了。他們不僅將骨灰罐的交接看成是一個很重要的儀式，也將這個過程看成是亡者升天的重要象徵。雖然在大陸的基本思想上，這種亡者升天的想法帶著強烈的封建迷信色彩，但是在不強調封建迷信的情況下，這種作法其實是具有減緩家屬哀傷的效果，可以讓家屬的心靈處於安慰的狀態。因為，亡者升天一方面表示亡者在服務之後有了好的去處，家屬不用再擔心亡者死後的未來；另一方面則表示家屬本身已經盡了最大的努力，讓亡者有了最好的去處，可以不用感到愧疚或遺憾了。所以，這種設計是滿富服務創意的。

✚ 第三節　台灣的案例──懷恩祥鶴的服務模式

在了解大陸永安集團的服務模式之後，我們接著探討台灣的服務模式。對台灣殯葬業者而言，殯葬服務不是個人特質的服務，而是專業化的服務，這種觀念的出現要早於大陸。可是，這種早於大陸並不是台灣的殯葬業者自己努力研究的結果，而是仿效日本與美國殯葬業者的服務模式。通過這種仿效的過程，台灣的殯葬業者終於了解服務是可以規範與學習的。就是這種自覺，讓台灣的殯葬業者脫離了過去的傳統形象，進入了現代化服務的階段。例如所有的殯葬服務人員都知道殯葬服務時要穿著制服。不僅如此，他們在殯葬服務的過程中，除了相關的殯葬諮詢以外，還需要隨時注意自己的言行舉止，提供家屬應有的關懷與溫暖。此外，有關儀式過程中的軟硬體，也需要做高品質的提供。至於殯葬處理完畢後，還需要提供客戶滿意度調查的相

關後續關懷服務。[4] 以上這些都是現代化殯葬服務必須具備的一環。

　　不過，當大家都用這種方式在服務時，我們發現這種服務的結果，使得殯葬業者失去了差異化的競爭力。因此，為了強化自己的競爭力，有的業者使用建築殯儀館的策略，希望藉著辦喪事禮廳的自主性強化競爭力，有的業者則藉著殯葬服務模式的創新強化自己的競爭力，有的業者則藉由低價策略，希望強化自己的競爭力。無論業者使用何種策略，我們發現關鍵不在於低價，也不在於殯儀館，而在於服務。因為，只有服務才能顯現殯葬業者的用心，真正表現出對於亡者與家屬尊嚴的尊重，以及圓滿亡者一生意義的可能作為。如果我們沒有在服務上下工夫，那麼對亡者與家屬最重要的殯葬人性意涵，將陷入空洞的狀態。所以，服務的創新是整個殯葬業強化競爭力的最重要關鍵。

　　對懷恩祥鶴而言，殯葬服務創新的第一步就是從服裝改造做起。正如前面所提到的，在台灣所有的殯葬業者已經進入制服的時代，只有穿著制服是不足以表示自己與其他業者有何不同。為了凸顯自己的不同，我們必須設計出不同於其他業者的制服。同樣地，這樣的制服除了需要具有提升自己形象的功能之外，還需要具有一定社會權威地位的特質。對懷恩祥鶴而言，海軍軍官的制服是最具有代表性的衣服。因為，它們除了帥氣以外，還具有潔白的象徵意義，以及維護社會安定的作用。因此，我們一樣可以將這樣的象徵意義從陽間延伸到陰間，讓亡者與家屬產生足夠的信心。懷恩祥鶴就是抱持這樣的想法，在局部的調整中形成具有差異化特色的服裝形象。

　　除了這種服裝形象的差異化之外，他們也在動作與儀式上下工夫。就動作部分而言，他們也是藉著最高敬意的表達完成殯葬服務的人性意涵。例如一般的殯葬業者在服務時，也會藉著鞠躬的作法表示他們對於亡者與家屬的敬意。但是，這種鞠躬的作法通常都是以

四十五度為準。在此，懷恩祥鶴就不以四十五度為準，而改為九十度的深鞠躬。通過這種最高的敬禮，讓家屬與亡者深深感受到最大的敬意與肯定。不僅如此，他們還將這樣的敬意延伸到告別式之前與之後。在告別式之前的迎賓過程，相關服務人員就定位於禮廳門口，代表家屬以最高敬意迎接來弔唁的賓客。在告別式之後，相關服務人員一樣就定位於禮廳門口，代表家屬以最高敬意送別弔唁的賓客。

　　就儀式部分而言，一般的殯葬業者會認為過去的禮俗就是儀式的標準，我們只要根據這樣的禮俗去安排就夠了。如果對於禮俗的部分希望能夠有所改變，這樣的想法將會受到社會大眾的質疑。因為，過去的禮俗是千百年來經驗累積的結果，可以提供我們充分的信心。可是，有關儀式新的改變都是一時的想像，很難產生相同的效果。然而，這種看法是有問題的。主要理由在於時代變遷的結果，民眾對於禮俗的需求也不同了。倘若我們拘泥於過去的禮俗，將會發現格格不入的現象。這麼一來，亡者與家屬將無法得到真正的安頓。因此，為了真正安頓亡者與家屬，讓他們能夠在這樣的儀式中得到安慰與滿足，我們需要提供適合於他們的儀式。根據這樣的想法，懷恩祥鶴提出他們有關儀式的創意。

　　根據這樣的創意，我們看到一種很有意思的作為。這種作為就是服務創意不是一種片斷的創意，而是整體的創意。如果我們希望這種創意能夠達成安頓亡者與家屬的效果，那麼必須滿足兩個條件：第一個是社會對於殯葬服務的高品質要求，第二個是個人對於殯葬服務的特殊要求。就第一個要求而言，一般殯葬業者的作法是提供日式的布置方式，將整個告別式場用鮮花構成花海，布置得有如典雅的會場，讓人如同置身於花的世界當中。不過，懷恩祥鶴的作法不同。他們不只是將禮廳布置得有如花的世界，更強調這樣的布置當中需要有意境的成分，讓人感受到生命的幽靜與深遠。就第二個要求而言，一般的

殯葬業者認為這是多餘的，也沒有能力做進一步的提供。對於懷恩祥鶴而言，這樣的提供其實才能凸顯亡者的需求與風格。例如在上述的意境之外，殯葬業者可以根據亡者的喜好提供進一步的服務。像其中的一個案例，亡者是一位難產的媽媽。對於這位媽媽而言，我們一般的布置方式都會將她看成是一般的媽媽，而忘記了她是一個具有自己喜好的媽媽。因此，在布置的過程中，除了有花海以外，就看不到屬於媽媽個人的布置。就懷恩祥鶴而言，這樣的會場布置是不夠的，我們需要融入亡者本人的喜好，這樣亡者主角的身分才能得到凸顯。要做到這一點，就必須了解這位媽媽的喜好。他們在詢問家屬之後，發現亡者是位喜歡趴趴熊的媽媽。所以，在祭台上，除了花海之外，就是亡者深愛的趴趴熊。當弔唁的賓客出現在會場時，他們不僅可以知道亡者的喜好，也可以在趴趴熊的回憶中，與亡者有進一步的交流。

在會場布置的創新之外，懷恩祥鶴還提供其他服務上的創新作法。例如他們不會像一般的殯葬業者，只知放一些較為悲傷曲調的音樂，而不知道這樣的作法並沒有太大的服務效果。因為，對家屬或前來弔唁的賓客而言，音樂不只是用來哀悼亡者而已，也是用來紀念亡者的。因此，為了讓彼此之間有個較深的共鳴與回憶，我們需要用亡者最喜愛的音樂來悼念她。於是，懷恩祥鶴就根據家屬的提供，使用亡者生前最喜愛的歌曲作為整個告別式過程的音樂。結果不僅亡者的親人深深浸淫在歌曲的回憶中，連前來弔唁的賓客也深深受到感動，營造出十分特殊的告別氣氛。如此一來，亡者親人與弔唁賓客就可以藉由歌曲的不斷迴旋，逐漸進入亡者過去所體會到的清純浪漫境界，讓彼此的生命在同情共感中慢慢感受生命的美好，而產生了悲傷輔導的效果。

不單如此，他們還透過科技信息的應用，將亡者的過往用回憶錄的方式呈現出來。對於一般的殯葬業者而言，回憶錄的製作已經不成

問題，甚至於也會出現在告別式的過程當中。但是，一般的呈現方式都是片斷的呈現，缺乏主題式的凸顯，以至於在呈現的過程中無法深化我們對亡者的印象。[5] 對懷恩祥鶴而言，亡者與家屬遺願的凸顯會是一個最好的回憶主題。因此，在告別式的過程中，他們特別將亡者與家屬的共同心願凸顯出來，呈現在告別式場後面的液晶螢幕上，讓參與的親友與弔唁賓客能夠在心願的分享中，共同祝福他們未了遺願的實踐。

　　除了上述這些服務創新外，更重要的是串聯上述創新的儀式。如果缺乏這樣的聯繫，那麼所有的創新將成為不相干的片斷，我們也無法在服務當中對亡者與家屬產生一個整體的效果。懷恩祥鶴為了達成這個目的，他們在儀式上有了一些創新的作為。例如在整個儀式進行的過程中，他們除了要求家屬要提供自己的祭文之外，還要求家屬自己朗讀祭文並獻上祭文。通過這樣的作為，家屬不僅參與了亡者的送別，也讓家屬有了一個表達思念亡者的公開管道。從悲傷輔導的角度來講，這種作為也是一種悲傷輔導。

　　此外，他們也根據亡者與家屬的心願合成全家福的照片。這份心願是亡者與家人在生前所做的約定，希望在生產完後，一家三口可以到日本的北海道去玩。現在，媽媽雖然難產無法前往，卻可藉由這張合成照片滿足一家人一起前往遊玩的遺願。當亡者的愛人從殯葬服務人員手中接過這張感人的照片之後，他更將這張照片獻給他的愛人。就這樣，亡者與家人就在這張照片的獻祭儀式中重新合而為一，不再存有遺憾。[6] 從悲傷輔導的角度來看，這種服務的作為不但深入到家屬的心靈深處，也讓家屬通過這樣的服務，無形中化解了未了心願可能造成的遺憾和創傷。

　　不僅如此，懷恩祥鶴還提供獻花的儀式創意。根據這樣的創意，當亡者的靈柩移到門口時，殯葬服務人員在致意之外，還提供家屬獻

花儀式，讓家屬可以在獻花過程中表達最後的思念之情，也等於是一種告別的象徵。就悲傷輔導的角度而言，這樣的服務是透過儀式的設計，讓家屬有機會參與亡者的送別，以公開的方式表達自己對於亡者的思念之情，產生重新洗禮心情的效果。

在獻花儀式完成之後，整個儀式的進行尚未結束。沒有結束的理由是，我們對於亡者還有一些祝福與期許。對於這樣的祝福與期許，需要有一些儀式來完成。根據懷恩祥鶴的設計，這個創意的儀式就是施放氣球。為什麼他們要用施放氣球來表達親友的思念與祝福？因為，氣球的白色象徵亡者人格的清白與潔淨，氣球的升空象徵亡者的歸宿是在天上；還有氣球上所繫上的思念與祝福紙條，會將親友的思念與祝福傳達給天上的亡者。透過這樣的儀式設計，亡者與家屬的心不但連成一體，也表示亡者與家屬的生命臻於圓滿的境地。雖然死亡是一種不幸，但是經過這樣的殯葬服務之後，他們的不幸終於得到轉化，擁有了全新希望的開始。對家屬而言，這種新希望的啟發是最佳的悲傷輔導。

✚ 第四節　海峽兩岸服務模式之比較

根據前面的探討，我們對於海峽兩岸的殯葬服務有了初步的認識。不過，只有這樣的認識是不夠的。如果我們希望能夠對雙方產生有意義的借鏡，那麼就必須從個別的認識進入比較的認識。唯有在比較之後，我們才能清楚大陸與台灣的殯葬服務有哪些可以相互借鏡。以下，我們就進一步的分析比較。

首先，我們從形象的塑造來看。無論是大陸或台灣的殯葬業者，大家都已經體會到形象的差異化是一件很重要的工作。只有在差異化

的情況下，消費者才會對我們的服務形象有了耳目一新的感覺。如果我們沒有這樣的自覺，那麼就很難在越來越激烈的競爭市場中存活下來，甚至於成為最後的優勝者。當然，這樣的形象塑造不只是服裝的塑造而已，還可以包括車輛外形的塑造，以及公司本身服務空間與設備的塑造。關於這一方面，我們發現台灣的塑造整體概念要較大陸來得強上一些。這種較強現象的出現，主要是因為台灣受到西方現代服務管理的影響較早，較有服務行銷概念。至於服裝取捨的部分，我們發現彼此都有近似的理念，只是台灣部分表現得較為貼切一些。

其次，我們從服務的動作來看。無論是大陸或台灣的殯葬業者，對於服務動作的要求都是取材於軍中，認為嚴格的訓練是達成動作要求的重要依據。在這樣的嚴格訓練中，不僅要求殯葬服務人員要有充分的體力做出這些標準服務動作，更要求他們需要有團隊的默契表現出一致的動作。此外，兩者雖然都要求要表達出最高的敬意，但是台灣的殯葬業者有了更多的要求，甚至於要求殯葬服務人員要師法日本，以鞠躬九十度的方式表達出服務的最高敬意。

再來，有關儀式創新的部分。無論是大陸與台灣的殯葬業者，都知道服務儀式創新的必要。因為，現有的儀式已經無法滿足現代的消費者。如果我們希望消費者可以在我們的服務中得到滿足，那麼除了儀式創新外，我們很難找到相應的方法。因此，儀式創新就成為殯葬服務是否能夠滿足消費者需求很重要的因素。不過，在此我們也發現大陸與台灣殯葬業者的一些差異性。對大陸的殯葬業者而言，整個告別式的過程較看不出服務的特色。真正能夠凸顯大陸殯葬業者特色的服務，是屬於火化之後的部分。這一部分之所以有特色，是因為台灣對於這一部分較為忽略。一般而言，在台灣的遺體火化，除了撿骨以外，我們實在看不出有何服務的作為。但是，從永安集團的儀式設計當中，我們看到了骨灰罈的移交是可以擁有深刻的含義。在這裡，

我們發現交接骨灰罐不只是骨灰罐而已，也是象徵生命圓滿的一個時機，讓家屬可以感受到亡者生命完成升天的可能。所以，永安集團注意到台灣殯葬服務忽略的部分。[7]

相對而言，台灣的殯葬服務不同於大陸殯葬服務的部分，則是告別式過程的儀式設計。從上述可知，台灣對於告別式的設計是屬於全方位的設計。這種設計不是針對某一個部分，而是針對整體所做的設計。雖然這樣的設計重心只是放在告別式上面，對於火化遺體後的部分沒有注意到，但是這樣的儀式設計還是具有自身的相對完整性。因此，如果我們可以將這兩個部分做進一步的融合，那麼整個殯葬儀式的創新將會顯得更為完整，對於亡者與家屬的身心安頓可以產生更好的效果。

除了整體的設計優於大陸的殯葬業者之外，懷恩祥鶴還有一些較特殊的儀式創意。例如大陸殯葬業者的儀式創意是針對一般人而做的，因此，無論是誰，宗教信仰為何，基本上都是用這一套儀式來服務。這樣的服務雖然要比一般的殯葬業者強上許多，可是只有這樣的儀式創意是不足的。因為，個人的需求畢竟會越來越強。一旦個人需求真的凸顯出來，這樣的儀式創意就會遭遇無法因應亡者需求的困局。為了避免這種困局的出現，懷恩祥鶴對於個人需求的照顧，就成為可以借鏡的部分。例如上面所提到的媽媽需求。我們就不會因為她的媽媽身分，便忽略了她的個人身分。在照顧個人遺願的情況下，我們發現懷恩祥鶴的合成照片就是一個很貼切的儀式設計。今天如果我們的服務對象變了，那麼就不能再用這樣的儀式創意，必須尋找其他的儀式創意來滿足新的消費者。

不過，有的儀式創意卻是可以通用的。例如施放氣球的儀式。對一般人而言，氣球施放的象徵意義是所有亡者都需要的。除非我們認定自家親人死得不清不白，死後需要到地府受罪，否則不會不同意這

樣的作為。即使我們認為死後升天是一種封建迷信，但是對於家屬而言，這種作為的確具有某種悲傷輔導的效果。因為，當他們發現自己不用再擔心親人的死後去處時，會更舒坦地活在人世。因此，為了讓家屬活得更舒坦，也為了讓家屬的思念具有較為正向的效果，施放氣球是一個具有共通效果的創意儀式，值得海峽兩岸殯葬業者參考。

在這些儀式的創新之外，有關展現這些儀式的配套措施更是值得大陸殯葬業者的參考。對於大陸的殯葬業者而言，有關告別式場的布置基本上是大同小異的。這些布置原則上一定會有一個固定的上方透明停柩處。在停柩處的後方，有的沒有任何東西存在，有的則放置一個簡單的彩繪玻璃風景。至於停柩處的左右兩邊，則有一些盆花的放置。由於這些布置的內容千篇一律，因此無論是何種儀式的創意，通過這些布置都沒有辦法產生配合的效果。

對於台灣的殯葬業者而言，這些布置上的配套措施是需要根據創意儀式而設計的。例如祭台上花海的設計。我們不能只是提供一些鮮花的花海，感覺這樣的花海布置是有美感的，還需要提供與亡者本身喜好有關的內容，像是趴趴熊之類的東西，讓親友及前來弔唁的賓客可以清楚知道亡者生前的喜好，和亡者充滿童真的可愛風格。另外，我們也不能只是提供一般的哀樂。因為，一般的哀樂所悼念的人只是一般人，而不是特定的亡者。但是，對每一位亡者而言，他們所需要的悼念都有各自的特殊需求。因此，我們需要根據每一位亡者的需求做設計，讓整場告別式的過程充滿了亡者的音樂，這樣才能塑造出具有亡者特殊風格的臨場氣氛。除了這兩方面的配套外，我們還可以在科技信息上提供更進一步的配套。這種配套就是有關回憶錄的現場配套。對參與告別式場的親友及弔唁賓客而言，他們不只是來參加一場追悼會，也是來完成　場與亡者的告別會。因此，我們如果只是做一個簡單的告別，那麼這樣的告別將是單薄與缺乏彼此的互動關係。所

以，對台灣的殯葬業者而言，如何讓整場告別式具有一些豐富的互動關係與生命啓示意義，是一件很重要的事情。就是這樣的要求，台灣的殯葬業者將亡者個人生命中較爲特殊的片斷加以剪輯，透過液晶螢幕的放映，讓參與的親友與弔唁賓客可以重新回顧亡者的一生，並在回顧中與亡者一起重整生命。此外，懷恩祥鶴還特別針對亡者的遺願進行設計，使亡者與家人可以通過這樣的設計實現遺願。對家屬而言，這種實現遺願的設計可以免去內心的遺憾。尤其是，當參與的親友與弔唁的賓客發現這樣的設計呈現在液晶螢幕上時，他們的內心一樣會產生無比的激盪與感動，正如亡者家人的反應一樣。

上述的這些服務創意比較，使我們看到殯葬服務的專業面。對現代的殯葬業者而言，如何在殯葬服務中圓滿安頓生者與亡者是一個很重要的任務。爲了完成這樣的任務，我們不僅要有一些新的作法，更要針對亡者與家屬的需求做一些服務上的開發與創新。如果我們沒有針對這樣的需求調整自己的服務，那麼消費者將會逐漸遠離，以至於讓我們陷入關門的境地。所以，對於未來的殯葬服務而言，想要增強自己的競爭力，不只要在殯葬服務的專業上下工夫，也要在殯葬服務的創意上下工夫。這樣我們才能在殯葬市場的競爭上立於不敗之地。

第五節　結論

從上述的探討可知，海峽兩岸有關殯葬改革的事務，已經從殯葬設施的硬體部分進入殯葬服務的軟體部分。雖然如此，在大家都進行殯葬改革的情況下，雙方對於殯葬服務的認知還是有一段差距。對大陸的殯葬業者而言，一般認爲殯葬服務就是個人特質的服務。只有少數的殯葬業者有了殯葬服務是一種專業服務的概念。相對地，在台

灣的殯葬業者已經有較多的人意識到這樣的專業服務概念。通過這樣的概念，他們認為殯葬服務不只是一般性的服務，而是針對個人需求的服務。雖然到目前為止，這樣的個人需求常常與個性化服務混在一起。不過，這就表示個人需求服務是未來殯葬服務的趨勢。即使是先進的日本與美國的殯葬服務，也不能背離這樣的趨勢。

在這種滿足個人需求的服務趨勢中，我們發現大陸與台灣的殯葬業者目前的所作所為，重點還是擺在服務的執行上，尚未進入解說導覽的階段。過去由於受到死亡禁忌的影響，我們對於殯葬服務的事情，常常會認為執行重於解說。因為，對於消費者而言，殯葬的事情只要辦完了、辦好了就夠了。至於解說的死亡教育部分，就不要多說了，以免又帶來更多的不幸。這種想法的出現，其實不是消費者本身要的，而是社會與我們的服務所造成的。對於我們而言，在提供殯葬服務的過程中，除了協助處理遺體以外，並未提供消費者其他的希望。例如經過我們的殯葬服務以後，消費者能擁有更美好的未來。

現在，這種情況已經有了不一樣的轉變。這種轉變主要來自於我們服務上的改變。對我們而言，殯葬服務不只是有關遺體處理的服務，也是有關生命意義轉化的服務。正如前面所做的那些服務創意，目的都在提供一些與生命有關的省思與提醒。可惜的是，這些服務創意如果只是侷限於執行面，而沒有加上解說面，那麼這些服務創意所要傳達的生命信息，將無法真正傳達給參與的親友與弔唁的賓客，頂多只是帶來一些生命短暫的感動。在參加完告別式之後，這樣的感動將會隨著日常生活的繁忙而煙消雲散。因此，為了讓這樣的感動真正深入人心，我們需要加入相關意義的解說。只有這樣，我們才能避免參與的親友與弔唁的賓客的不了解與誤解，也可以讓他們清楚知道設計的用意。例如上述有關施放氣球的儀式，如果沒有經過說明，一般人可能只知道這樣的儀式設計目的就是為了追思，並沒有想到其他的

可能意義。如果我們可以事先做一解說，那麼他們將會了解這樣的施放儀式不只是追思而已，還代表著亡者本身的清白與升天的圓滿。這時我們不用再擔心亡者的死後歸宿問題，而可以從中獲得生命如何過才能圓滿一生的啓發。經過這樣的深入解說，參與的親友與弔唁的賓客才能讓自己的生命在與亡者的互動過程中，得到眞正的洗禮，也才能落實悲傷輔導的實質涵意。否則，我們很難眞正達成深化參與者生命的任務，當然也就無法讓他們經由這樣的參與，產生眞正的生命新希望。上述這樣的解說補充，不僅是一種輔助性的說明，更是一種引導性的說明，讓殯葬服務眞的進入知識服務、意義服務的階段。

註 解

[1] 根據殯葬服務的現實狀況而言，我們發現一般人對於殯葬事務如何
進行的問題，基本上是沒有概念的。他們之所以知道殯葬事務應該
如何進行，一般都是殯葬服務過後的經驗殘留。因此，只要我們調
整好殯葬服務人員的專業服務部分，那麼消費者自然就會跟進而擁
有較正確的殯葬認識。

[2] 尉遲淦著，《禮儀師與生死尊嚴》（台北：五南，2003），頁4。

[3] 朱金龍著，《喪事活動指南》（上海：上海科學普及，2001），頁
36-38。

[4] 同註2，頁12-13。

[5] 例如有的殯葬業者將亡者生前的照片任意選取幾張或由家屬提供幾
張，根據時間的長短，配上一些哀傷又稍有美感的歌曲加以串聯，
以為這樣就算是完成對亡者一生的回憶。說真的，這種回憶的方式
有如卡拉OK的製作，對亡者與家屬並沒有帶來任何較有意義的回
憶。如果我們真要製作一個較成功的回憶錄，那麼就必須深入亡者
的一生當中，選取一些較具代表性與有意義的片斷作為製作的內
容，有系統地製作出具有亡者風格的回憶錄。

[6] 這種遺願的協助完成，在殯葬服務中是一個很重要的創意。過去因
為沒有這樣的措施，所以我們只好讓遺憾還諸天地。現在有了這樣
的創意，我們不僅可以彌補生死所帶來的缺憾，也可以讓家屬得到
心靈上深層的慰藉。

[7] 這一部分的儀式設計，說真的可以補足台灣殯葬業的服務缺憾。對
台灣的殯葬業者而言，由於受到火化場設計的限制，以及整個治喪

環境的影響，因此從來就沒有想到火化之後的骨灰罐移交儀式可以具有完整整個殯葬服務的意義。這是大陸殯葬業者在殯葬服務上最大的貢獻所在。

第四篇　殯葬服務與創新

第十章　殯葬業者如何處理臨終病人

回家的問題

✚ 第一節　前言

過去，人只要臨終，通常都會在家中。但是，隨著時代的變遷，現代人的臨終和過去不同。對現代人而言，一個人只要遭遇臨終的問題，很自然地就會往醫院送。因此，醫院就成為現代人臨終的當然場所。[1] 本來，人在哪裡臨終應該都可以，可是，人和動物不同，我們對於臨終是有一些要求的。對我們而言，醫院原先的設計是不能符合我們臨終要求的。所以，在這種功能不合的情況下，一旦我們遭遇臨終的狀態時，通常都會要求要回家。問題在於，我們真的可以順利地回家嗎？

通常，當我們遭遇要回家的問題時，家人一般的反應不是直接答應，而是採取否定的答案。他們之所以有這樣的答覆，其實是有許多不同的考慮。例如有的人會認為醫院的照顧比較好，如果斷然回家，到時候一旦有問題就不知道要如何處理了。所以，在擔心不知如何處理的情況下，他們反過來會勸導病人繼續待在醫院裡。除了這種狀況外，有的人考慮的則是另外一個問題。對於這些人而言，病人回家固然是好事，但是這樣回家的結果可能會死在家中。對於這種死於家中的情況，他們不太能夠接受。因為，他們認為死於家中是不好的。為了避免家中出現死人，所以他們只好拒絕病人回家臨終。另外，有的人則是受限於自己居住環境的不方便，像是公寓或大樓，如果要讓病人回家臨終，那麼不只病人備受折磨，對於提供服務的殯葬業者也是非常不方便。所以，站在現實的考量上，他們也覺得與其讓病人回家臨終，倒不如讓病人在醫院臨終。[2]

不過，不管我們的考量為何，所有的考量重點應該都要以臨終病

人的需求爲主。因爲，誰要臨終了，我們都知道臨終的主角是病人而不是我們。既然病人是臨終的主角，那麼我們當然要以病人需求的滿足爲主。更何況，病人回家的願望並非無理的願望，而是一個具有關鍵性的願望。如果我們不能滿足病人的這個願望，那麼病人除了會覺得非常遺憾外，更無法得到善終。對於病人而言，他的一生只有一次死亡。如果這一次死亡沒有把握善終的機會，那麼他永遠都不會再有善終的可能。因此，爲了讓病人可以順利臨終，可以獲得善終，我們需要設法滿足病人回家的願望。

第二節　爲什麼回家就可以獲得善終？

那麼，爲什麼回家就可以獲得善終呢？對現代人而言，這樣的說法好像很難理解。之所以不容易理解，是因爲現代人對於過去的經驗不了解。在這種情況下，他們實在很難把回家的行爲和善終的結果連結起來。不過，如果我們換成病人回家是爲了獲得安全感的說法，那麼他們就會認爲這樣的說法是合理的。因爲，在他們的認知當中，醫院確實是一個陌生的環境，也不是爲了臨終而設。所以，想要回到熟悉的地方臨終是一件很正常的事情。唯有在家中臨終，病人才能臨終得很安心。但是，病人想要回家的心願難道眞的只有這麼簡單嗎？對他們而言，除了臨終得安心以外，就沒有其他更深的要求嗎？

爲了更深入地了解病人回家臨終的願望，我們需要回溯過去對於回家臨終的想法。對古代人而言，回家臨終並非只是爲了回家而已。實際上，回家臨終是有更深的要求，這個要求不是別的，就是爲了獲得善終。那麼，他們爲什麼會認爲只要回家臨終就可以獲得善終呢？這是因爲他們認爲只有在家中，臨終者才有機會完成他的人生使命。

只有在人生任務完成的當下，他們才能說他們獲得了善終。如果不是在家中，而是在其他場合，那麼臨終者就很難有機會獲得善終。

可是，為什麼臨終者只能在家中完成人生使命，而其他地方就不可以呢？如果我們了解古代人的要求，那麼就會清楚知道其中的原由。對古代人而言，人生在世不是把生命過完就好。相反地，人生在世是有責任的。如果一個人沒有把責任了了，那麼這個人就等於沒有活過。所以，為了證明自己活著的價值，他就必須完成這樣的責任，讓社會肯定他。由此可見，古代人的生命不是只屬於自己的，而是屬於社會的。

那麼，這又是什麼樣的責任呢？對古代人而言，這個責任是傳承的責任。當一個人出生以後，他對於他的家族就背負著傳承的重大責任。如果他能順利完成這樣的責任，那麼他死的時候就可以安心地離去。如果他沒有順利完成這樣的責任，那麼他死的時候就沒有辦法安心地離去。因此，責任的完成與否決定他是否獲得善終。可是，所謂的傳承的重責大任到底指的是什麼？我們需要先回答這個問題，否則傳承的責任只是一個抽象的說法。

對我們而言，所謂的傳承的責任指的是什麼？根據我們的了解，這個傳承的責任指的就是一些傳承任務的完成。那麼，這些傳承的任務又指的是什麼呢？以下，我們逐一簡單說明：

1. **家族主權的傳承**：對古代人而言，家族的傳承是一件很重要的事情。如果家族傳承不順利，那麼家族可能就會陷入滅絕的危機。如果家族傳承非常順利，那麼家族可能就會不斷地壯大。此中，最大的關鍵是什麼？對他們而言，就是家族主權的傳承。只要家族主權能夠順利傳承下去，那麼家族的發揚光大就指日可待。所以，為了讓家族主權可以順利傳承下去，古代人除了要求要有傳宗接代的人選之外，還規定這樣的人選只能是

家族中的長子。

2.**家族財產的傳承**：除了家族主權的傳承外，古代人還考慮財產傳承的問題。如果只有家族主權的傳承，而沒有家族財產的傳承，那麼這樣的主權傳承就沒有辦法產生實質的效力。因此，為了讓家族的成員產生向心力，古代人就規定家族財產只能統一由長子繼承支配，不允許分家的行為出現。在財產集中管理的情況下，家族成員就不敢出現背離家族的想法。

3.**家族精神的傳承**：在家族主權與財產的傳承之外，古代人更強調家族精神的傳承。因為，如果只有主權與財產的傳承，那麼傳承者會把家族帶往什麼方向，說真的沒有人知道。假設他帶往的方向是好的，那麼在光宗耀祖的情況下，這樣的傳承是對的。但是，萬一他帶往的方向是不好的，那麼家族的發展可能就會出現負面的結果。對於家族而言，這樣的結果不是他們可以接受的。所以，為了節制這樣的行為，讓家族往祖先所希望的方向發展，家族精神的傳承就成為這種節制力量的代表。

4.**家族家規的傳承**：問題是，家族精神畢竟只有引導提攜的力量，並沒有強制懲罰的力量。為了讓家族的傳承者心生警惕，不敢胡作非為，所以家族家規的傳承就成為這種警惕的力量，讓傳承者不得不按照祖先規劃的方向發展。[3]

在初步了解這些責任的內容之後，我們進一步要問的問題是，為什麼完成這些責任就可以獲得善終？根據我們的了解，古代人認為家族是人的根本，也是社會國家的根本。一個人之所以會出現在人間，是因為有家族。一個社會國家之所以會出現在人間，也因為有家族。所以，家族是人與社會國家出現的根本。既然如此，維護家族的存在與發展就變成人的根本責任。唯有家族的存在與發展得到保障，人的責任才算是完成。就是基於這樣的考慮，一個人只要完成他的傳承責

任，那麼他這一生就算是圓滿了，當然也就可以說是獲得了善終。相反地，如果他沒有妥善完成他的傳承責任，那麼他這一生就會覺得有所虧欠，自然也就沒有善終的可能。

由此可見，臨終病人之所以要回家，絕對不是單純地只是要一個空間的滿足，而是有其他人性的考量。根據上述的探討，我們清楚知道這樣的人性考量其實就是傳承責任的考量。只要我們完成了這些傳承的責任，即使沒有死於家中，嚴格說來一樣還是可以說是善終。如果我們沒有完成這些傳承的責任，就算死於家中，嚴格說來這樣的臨終都不能算是善終。所以，臨終病人對於回家的要求，關鍵不在回家本身，而在傳承責任的是否完成。

✚ 第三節　一般殯葬業者的配合作法

經過上述的探討，我們清楚知道臨終病人之所以要回家，是為了滿足善終的要求。可是，一般的殯葬業者清楚知道這樣的要求嗎？嚴格說來，答案未必是肯定的。那麼，為什麼一般殯葬業者要配合滿足這樣的要求呢？只要我們深入了解，就會知道這樣的配合單純只是為了生意上的需要。問題是，如果只是虛應故事一番，那麼結果很容易就會被家屬看出端倪。因此，為了讓家屬覺得他們真的是為了幫家屬解決問題，於是就設計出一些彷彿有效果的作法。以下，我們針對這些作法做進一步的說明。

首先，針對家住公寓或大樓的臨終病人。由於這些病人家住在公寓或大樓，如果不讓他們回家，要他們直接到殯儀館，感覺上好像太過殘忍，也沒有照顧到他們的心願。可是，要把他們直接送回家，又考慮到他們住的地方實在太不方便。尤其是，對於死於半途的病人而

言，更難讓他們直接回家。不過，爲了達成他們的心願，一般殯葬業者只好採取變通的作法。在送他們回家的過程中，當救護車抵達家的門口後，由家屬向亡者稟報已經回到家門口，但是基於現實的困難，所以無法直接回家，請亡者見諒。經過這樣的程序，對一般殯葬業者而言，就算已經幫亡者完成回家的心願了。[4]

　　表面看來，這樣的作法似乎已經幫亡者完成回家的心願。但是，只要我們再深入了解，就會發現這種完成根本就是虛晃一招。因爲，在家門口晃一下，和進入家中是兩回事。前者並沒有辦法讓亡者覺得他心願已了，而後者才能眞正了了亡者的心願。所以，站在眞實了卻心願的想法上，我們是不能用一般殯葬業者的作法。既然不能用一般殯葬業者的作法，那麼又該怎麼做才能眞正解決上述的問題呢？關於這個問題，我們在第四節再做探討。

　　其次，針對一般可以回家的臨終病人。對他們而言，如果在回家的過程中一切都很順利，在還沒有死亡之前，就已經安然抵達家門口，那麼他們當然可以直接進到家中，不會有什麼問題。可是，不是所有的臨終病人都可以安然回到家中。其中，有的死於半途。對於這些死於半途的病人，他們雖然已經來到家門口，但是卻沒有辦法直接回家。因爲，根據傳統禮俗的規定，這些已經死亡的病人不叫做家人，而叫做死人。對於家人，我們當然可以大方進入家門。不過，對於死人，就不能大方進入家門。這時，他們的身分叫做鬼。如果我們讓鬼直接進入家門，那麼家中可能就會繼續出現死亡的不幸事件。此外，由於鬼對家人會帶來傷害，所以門神也不會讓鬼進入家門。[5] 那麼，在人與神都不歡迎死人的情況下，一般的殯葬業者怎麼讓亡者順利回到家中呢？

　　面對這個問題，一般殯葬業者採取創造生機假象的作法，讓一般人誤以爲病人還沒有死。那麼，他們要怎麼做才能成功地創造出這

樣的生機假象出來？對他們而言，要創造這樣的生機假象出來，需要
護理人員配合。當病人在救護車上已經進入死亡境地，這時護理人員
就要假裝病人還沒有死，繼續用呼吸器，讓一般人誤以為病人還在呼
吸。一旦抵達家門口，家中的人就要出來迎接，同時還要招呼亡者，
要亡者進來休息，彷彿亡者還活著似的。經過這種「辛苦了！進來休
息喝口茶」與「好」的對話作法，亡者就可以在矇騙人與神的情況下
進入家中。[6]

　　問題是，這樣的作法真的可以蒙蔽人與神的耳目嗎？就我們的
了解，其實是很困難的。因為，對人而言，我們都很清楚亡者已經死
亡的事實。由於亡者已經死亡，所以救護車的行動也會不一樣。一般
為了救人的需要，救護車會一直響著警報器。可是，一旦病人已經
死亡，運送的救護車就不見得要繼續響著警報器。更重要的是，一般
人正常回家是不需要特別出來迎接與問候的。如果需要出來迎接與問
候，那就表示情形不正常，我們自然就會了解其中的意思。所以，這
種掩人耳目的作法其實正好是此地無銀三百兩的作法。

　　除此之外，我們希望藉著呼吸器的運作蒙蔽門神，讓門神誤以為
病人還沒有死亡。然而，這種蒙蔽有可能嗎？就門神而言，亡者既然
已經死亡，他的存在就不是肉體存在，而是魂魄存在。只要亡者以魂
魄方式出現，門神當然就會知道。這時，無論我們怎麼掩飾，都很難
用物理的事物掩飾掉精神的存在。由此可見，這種掩飾的行徑其實只
是自欺欺人的作為，完全沒有辦法達成掩飾的效果。[7]這麼說來，我
們對於這個問題是否就束手無策了呢？嚴格說來，情況並沒有那麼糟
糕，事情尚有轉圜的餘地。只是我們對於這些問題的處理，就不能像
過去那樣只從欺瞞的角度入手，而要從真正解決問題的角度入手。那
麼，要怎麼做才能真正解決問題呢？

第四節　解決問題的嘗試：一些新作法的提供

就我們的了解，過去殯葬業者作法的失敗，最主要的原因在於他們只想做表面的解決，而沒有想到做深層的解決。如果我們沒有深入到問題的核心，那麼這種解決的後果就是問題依舊存在。但是，依舊存在的問題就表示問題沒有解決。所以，站在幫亡者與家屬解決問題的立場，我們不能停留在這種似是而非的狀態，必須深入到問題本身，重新尋找真正的解決方案。

如果過去的作法是有問題的，那麼我們要怎麼做才沒有問題？對我們而言，要解決這個問題必須深入善終的內容，而不能只停留在善終的形式意義。根據上述的探討，我們知道善終不是只是回家而已，而是需要完成相關的傳承任務。因此，無論臨終病人方不方便回家，協助他們完成這樣的傳承任務才是重點。只要幫他們完成這樣的傳承任務，就算沒有回到家，一樣可以獲得善終。所以，我們需要在觀念上疏導這些臨終病人和他們的家屬，讓他們知道回家的用意不是在回家，而是在傳承任務的完成。

在深入了解回家的用意何在之後，我們進一步解決上述回不了家的問題。當救護車回到家門口時，此時如果臨終病人已經陷入死亡境地，那麼我們就要告訴亡者與家屬，雖然亡者已經無法進入家門，但是並不表示亡者無法獲得善終。只要亡者真切了解善終的用意，能夠完成傳承的任務，那麼一樣可以獲得善終。由此可知，有沒有進家門不是重點，有沒有完成傳承的任務才是重點。

根據這樣的了解，我們要做的事情就是，提醒亡者與家屬，要他們一起透過觀想的方式，進一步觀想祖先與神明，讓祖先與神明臨在

在亡者與家屬的心中。當祖先與神明臨在之後，我們要進一步向祖先與神明稟報上述傳承任務達成的情形。如果上述的傳承任務都已經順利達成，那麼這時就要祈求祖先與神明接納亡者，讓亡者可以光明正大地回去。如果上述的傳承任務還沒有圓滿達成，那麼也希望祖先與神明見諒，讓亡者也有機會可以獲得善終。經由這樣的處理，亡者雖然沒有正式回到家中，但是在實質上已經獲得了善終。對我們而言，這種善終的結果才是我們真正在意的。

除此之外，關於死人如何進家門的問題，我們也需要做進一步的處理。就我們的了解，死人是否真的無法進家門，是需要做更深入的探討。表面看來，死人如果進家門，那麼死亡也會跟著進家門。為了避免死亡進家門，所以門神會將死人擋在門外。這麼一來，死人在無法進家門的情況下，就會變成孤魂野鬼。因此，為了避免讓亡者變成孤魂野鬼，我們只好用呼吸器假裝亡者還沒有死。

問題是，在此我們忘了一點，那就是亡者和一般的死人不同。一般的死人可能會危害到我們的家人，所以門神不會讓這樣的死人進入家門。可是，亡者不一樣，他是我們的家人。過去當他活著的時候，他隨時都可以自由進出家門，門神也不會去阻擋他。現在他雖然死了，但是他還是家人。在這種情況下，門神對他一樣是熟悉的，自然不會不讓他進入家門。更何況，在亡者還活著的時候，門神是要庇佑他的。現在他死了，門神更要庇佑他。基於這樣的考量，我們根本就不需要藉著呼吸器的幫助假裝亡者還沒有死。只要我們正確了解上述的觀念，那麼亡者是可以進家門的。[8]

不過，由於亡者回家的狀況和平時不同，我們還是要有一些作為才可以。對我們而言，這個作為就是透過一些儀式來完成進門的動作。首先，在救護車回家的途中，在家的家人就要先向門神稟報亡者已經死亡的事實。其次，家人要進一步代替亡者，向門神感謝門神對

於亡者這一生的照顧。最後，家人還要祈求門神繼續照顧亡者，除了讓亡者順利進入家門之外，還要讓亡者可以順利回去。在得到門神的首肯之後，我們要將這樣的稟報結果告知救護車上的家人與亡者，讓他們可以安心地回家。[9]

✚ 第五節　結論

經過上述的探討，我們知道臨終病人之所以要回家，並不是因為家中比較熟悉安全，而是因為回到家中才能獲得善終。可是，如果我們沒有真正了解獲得善終的條件，而只是形式上的滿足善終的說法，那麼就會出現在家門口轉一下的欺騙行為，或是用呼吸器假裝亡者還沒有死的欺騙行為。無論我們用的是哪一種方式，原則上對於亡者與家屬善終的要求都沒有正面的幫助。

為了確實幫助亡者與家屬，讓他們覺得真的可以獲得善終，我們需要深入了解善終的內容。經過上述的探討，我們知道善終的任務其實就是傳承的任務。只要我們讓這樣的傳承順利地達成，那麼亡者的善終就不會有問題。因此，我們的重點就不能放在有沒有回到家，而應該放在傳承任務有沒有完成。

基於這樣的認識，我們進一步針對一般殯葬業者過去的作為提出新的建言。這個建言就是把回家的要求從形式的完成轉向實質的完成，也就是傳承任務的完成。為了達成上述的轉換，我們建議一般的殯葬業者，當臨終病人死於回家的途中時，我們不需要只是在家門口虛晃一招，而可以在抵達家門口時告訴亡者實際的狀況，讓亡者知道要獲得善終必須滿足的條件。同時，亡者與家屬必須配合我們的建議，透過觀想的方式，讓祖先與神明臨在他們的心中，並進一步稟報

亡者這一生傳承任務實踐的情況，祈求祖先與神明接納或原諒亡者，使亡者可以光明正大地回去。

　　另外，對於死人是否可以進家門的問題，我們也提供一些相關的建議。基於亡者身分的不同，門神一般是不會把亡者看成是會傷害家人的死人，而會繼續把他看成是家人。在這樣的理解下，門神除了在亡者生前庇佑亡者之外，在亡者死後一樣會繼續庇佑亡者。所以，亡者進家門是沒有問題的。不過，由於亡者已經不同於過去進家門的狀況，因此我們還是需要經由家中的家人將亡者死去的訊息稟告門神，並進一步感謝門神在亡者生前庇佑亡者，在亡者死後的當下，除了讓亡者可以順利進入家門外，也可以繼續庇佑亡者，讓亡者順利回去。在經過門神同意之後，家中的家人要將這樣首肯的訊息告知救護車中的亡者與家人，讓他們可以安心地回家。

註 解

1 尉遲淦主編，《生死學概論》（台北：五南，2007，2版5刷），頁91。

2 尉遲淦著，《殯葬臨終關懷》（台北：威仕曼，2009），頁177-178。

3 尉遲淦著，《禮儀師與生死尊嚴》（台北：五南，2003），頁31。

4 同註2，頁179。

5 楊炯山著，《喪葬禮儀》（新竹：竹林書局，1998，增訂版），頁26。

6 徐福全著，《台灣民間傳統喪葬儀節研究》（台北：徐福全，1999），頁34-35。

7 同註2，頁180-181。

8 同註2，頁182-183。

9 同註2，頁183-185。

第十一章
亡者：從殯葬服務到後續關懷
人生的最後告別——如何安頓

✚ 第一節　前言

對一個人而言，無論這一生怎麼過，他都希望能夠在死亡的時候有機會得到善終。可是，根據我們一般的說法，一個人如果希望獲得善終，那麼他在生前就必須有所準備，不能等到死後才來補救。因此，一個人如果在生前完全沒有準備或準備不夠，那麼他在死後希望獲得善終的想法，可能就沒有機會實現。這麼一來，是否表示一個人如果希望獲得善終，只能在活著的時候努力，否則，死亡一旦來臨，一切就來不及了？[1]

對我們而言，這樣的說法的確具有很深的教育意味。因為，善終的問題確實是一個很複雜的問題，一個人如果沒有長期的準備，實在很難達到這樣的結果。因此，我們如果沒有事先提醒大家，只是讓大家按照正常的方式去準備，那麼等到死亡來臨時，能夠善終的人一定不多。問題是，倘若結果真的是這樣，那麼就失去了善終原有的目的。對善終而言，這樣的要求不是為了少數人而設的，實際上，這是為了大家而設的。所以，這樣的提醒是必要的，希望藉著這樣的提醒，讓每個人都能善終。

可是，提醒歸提醒，能否善終就要看每個人各自的覺醒與努力了。從現實的經驗來看，一個人想要獲得善終，實在不是一件很容易的事。因為，每個人都會有因循苟且的想法，認為善終的問題不是日常就要準備的，而是臨終時才要準備的。因此，就算我們不斷地去提醒他，他還是會繼續拖延下去，等到有一天死亡突然來臨了，他才會說怎麼這麼快？但是，這時無論我們再說些什麼，一切都已經來不及了。由此可見，即使我們不斷提醒大家生前就要完成善終的準備，但

是實際上還是很難產生不錯的效果。

那麼，對於這種善終的處境我們該怎麼辦呢？是否只能乖乖地接受這樣的處境，而沒有任何改變的可能？如果真的是這樣，那麼善終對我們而言就變成一個遙不可及的目標。問題是，每個人都希望有一天自己死的時候能夠獲得善終，因此，我們不能只停留在這樣的處境當中，必須設法尋找新的可能性，看看除了生前的準備以外，是否還有其他機會可以讓我們獲得善終。對我們而言，如果我們真的希望在生前準備以外還能獲得善終，那麼除了死後的機會外，就沒有其他的可能了。但是，如果我們要在死後的機會中尋找，那麼就必須解決兩個問題：一個是死後的生命存不存在的問題，一個是這樣的生命是否有改變的可能的問題。

就第一個問題而言，如果死後的生命根本不存在，那麼我們就沒有辦法利用死後的機會獲得善終。[2] 因此，我們需要先解決死後生命存不存在的問題。對我們而言，解決這個問題的作法有兩種：一種是直接證明死後生命存在的可能性，一種是間接證明死後生命存在的可能性。那麼，我們要採取哪一種作法呢？就目前的狀況而言，想要用第一種方法直接證明死後生命的存在是有困難的。因為，到目前為止，我們的證據都是和經驗有關，而經驗證據的特質就是時空的存在性。可是，根據我們的了解，死後生命通常與時空的存在性無關。因此，我們很難用直接證據來證明死後生命的存在。所以，我們只好採取第二種作法，就是間接證明的方法。

那麼，我們如何間接證明死後生命的存在？對我們而言，這種作法就是透過對科學認知的批判而達成。就科學的角度而言，經驗是一切判斷的依據。凡是可以在經驗中出現的就是確實存在的，不能在經驗中出現的就不是確實存在的。可是，這種說法是有問題的。因為，經驗有很多種。除了感覺經驗以外，還有理性經驗。如果我們只從感

覺經驗出發，確實很難證明死後生命的存在。不過，我們不要忘了還有理性的經驗。在理性的經驗中，我們還是可以保留死後生命存在的可能性。因為，如果沒有死後生命的存在，我們很難解釋一些相關的現象。以下，我們舉一個例子說明。例如有關我們奮鬥一生的意義何在的問題。假使我們奮鬥一生的結果就是死後一無所有，那麼說真的，這種奮鬥是沒有意義的。為了使這種奮鬥有意義，我們必須預設死後生命的存在。經由這些間接的證據，我們可以肯定死後生命是有可能存在的。

就第二個問題而言，如果死後生命根本就沒有改變的可能，那麼我們一樣沒有機會在死後獲得善終。因此，我們一樣要先解決死後生命有沒有改變的可能的問題。對我們而言，解決這個問題一樣有兩種作法：一種是直接證明的方法，一種是間接證明的方法。就直接證明的方法而言，我們可能很難採取這樣的方法。因為，如果我們要採取這樣的方法，那麼就會遭遇和上述一樣的問題，找不到可以直接證明死後生命能夠改變的證據。所以，我們只能採取第二種作法。不過，在這種間接證明的過程中，我們不再以科學的說法作為反省的對象，而改以基督宗教作為反省的對象。

就基督宗教的說法來看，人的生命如果想要改變，就只有在生前才能改變。至於死後，就完全失去改變的可能。為什麼基督宗教會這樣看呢？這是因為他們認為生前的生命是操之於人，而死後的生命則操之於上帝。既然死後的生命操之於上帝，那麼人當然就沒有改變的可能。可是，這樣的看法顯然不能滿足人本身的需求。正如上述所說的，人常常是不到最後關頭不會正視善終的問題。然而，當我們開始正視善終問題時，死亡又已經迫在眼前。所以，我們不容易在生前解決善終的問題。這時，如果我們沒有利用死後的機會來解決這個問題，那麼就永遠沒有機會可以解決了。因此，在這樣的要求下，我們

很難接受基督宗教的說法。

　　那麼，除了上述基督宗教的說法以外，我們還可以有什麼樣的選擇？對我們而言，佛教的說法就是另外一種選擇。對佛教而言，人的改變不只是生前的事情，還可以是死後的事情。只不過人在生前可以完全依靠自己的力量來改變，讓自己有機會獲得善終。等到死後，我們就沒有辦法只靠自己的力量獲得善終，必須透過他人的幫助才可以。由此可見，佛教對於死後生命的看法是和基督宗教不一樣的，它認為人在死後是有改變的可能。那麼，佛教是如何解釋人死後生命的改變呢？

✚ 第二節　從神識離體的過程談起

　　對此，我們從人剛剛死亡的存在處境談起。對佛教而言，人剛剛死的存在處境不像基督宗教所說那樣，靈魂立刻離開身體。相反地，佛教認為人死後的神識要離體是需要一段時間的。為什麼佛教會和基督宗教有那麼不同的認定？這是因為佛教和基督宗教對於初終經驗掌握的不同。對基督宗教而言，人的死亡是剎那完成的。因此，只要人一進入死亡的境地，靈魂自然就立刻離體。可是，佛教所了解的初終經驗並不是這樣。對佛教而言，人在剛剛進入死亡境地時，神識並沒有立刻離體。相反地，神識一般是需要經過一段時間才會離體。那麼，這兩種說法哪一種較為正確呢？

　　如果我們從人死後的狀態來看，希望依據死後生命的表現來判斷，那麼我們可能沒有機會利用死後經驗來證明。最多，我們只能從理論的角度加以反省，看哪一種說法較為合理。如果我們不希望只是從可能性的角度來看，而希望從臨終的實際狀況來判斷，那麼人初終

的實際狀態會是一個很好的判斷依據。爲了讓整個討論完整一些，我們分別從這兩個方面來探討。

就第一個方面而言，在理論角度的觀照下，到底哪一種說法較爲合理？對我們而言，基督宗教的說法表面看來似乎較爲合理。因爲，我們一般都認爲人的生命與死亡是截然分開的。既然兩者是截然分開的，那麼一旦死亡來臨，我們的靈魂自然也應該立刻離去。否則，如果我們的靈魂沒有立刻離去，那就表示我們的生命與死亡不是截然分開的。這麼一來，我們原先對生命與死亡的關係就會受到挑戰，相關的認知就很難維持下去。爲了維護原先說法的一致性，基督宗教對於靈魂離體的經驗一定要說成立即離體，而不能有其他說法。可是，這樣的說法眞的沒有問題嗎？

對佛教而言，這樣的說法其實是有問題的。爲什麼佛教會有這樣的判斷呢？這是因爲佛教對於生命與死亡關係的看法不同於基督宗教。從佛教的觀點來看，生命與死亡的關係不是截然二分的。相反地，佛教認爲生命與死亡是一個連續不斷的過程。不僅如此，這兩者還是一體的兩面。[3] 當生命在進行當中，死亡也同樣在進行當中。根據這樣的說法，在一個人死的時候，這個人不是立刻從生命進入死亡，而是不斷地進入死亡當中。經過一段過程之後，生命才會完全進入死亡的境地，不再與生命有關。因此，當我們的神識要離體的時候，就不能立刻離體，只能漸漸離體。那麼，到底哪一種說法較合理呢？

說眞的，如果我們只是從理論的角度來判斷，那麼確實很難給予一個決定性的回答。因爲，這兩者說法各有各的長處與問題。例如一般人所關心的離體過程是否會很痛苦的問題。如果我們採取基督宗教的看法，那麼在靈魂可以立刻離體的情況下，自然沒有離體過程是否會很痛苦的問題。相反地，如果我們採取佛教的看法，那麼在神識離體需要一段時間的情況下，神識離體自然會遭遇是否會很痛苦的

問題。[4] 根據這樣的比較，對於一個不希望死後離體會有痛苦的人而言，我們只能說在這個問題上，基督宗教的說法要比佛教來得有吸引力。不過，如果我們從另外一個角度來看，雖然佛教的離體需要付出一些痛苦的代價，但是在這個代價中，人是可以擁有一些選擇的。經由這樣的選擇，人對於死後的生命可以產生一些影響。就這種影響而言，佛教讓我們對於自己的死後生命多了一些自主性。相反地，基督宗教就沒有這一方面的作用。因為，在死後靈魂離體時，人只能處於被動的狀態，完全沒有自我決定的可能。所以，就人死後的自主性而言，佛教的說法又要比基督宗教優異一些。由此可見，從理論的角度來看，我們很難說哪一種說法是絕對優於另外一種。我們唯一能夠說的是，看每個人自己的選擇。如果他在意的是離體時痛苦的問題，那麼他可能就會選擇基督宗教的說法。如果他在意的是離體時自主性的問題，那麼他可能就會選擇佛教的說法。

這麼說來，是否只能從個人的需求來做判斷，無法找到比較具有決定性的證據？其實，事情的真相也不盡然如此。因為，我們除了理論的角度外，還有實際經驗的角度。根據臨床的狀況來看，我們發現一個很有趣的現象，那就是早期的臨床觀察和現在的臨床觀察不太一樣。就早期的臨床觀察而言，人在死的時候是從有生命的狀態立刻進入死亡的狀態，彷彿生命與死亡是截然不同的兩個階段，中間完全沒有過渡期。為什麼早期的臨床觀察會是如此？這是因為早期的臨床觀察主要是奠基於外部的觀察，對於人內部的運作狀況不太清楚。因此，從外在的觀察來看，我們看到的是一個人從有生命到沒生命，好像生命與死亡是截然不同的兩個現象，中間全然沒有過渡的跡象。

可是，如果我們根據現在的臨床觀察來看，就會發現不太一樣的結果。對現在的臨床觀察而言，觀察的不只是表面的外在現象，還會深入身體的內部了解內部的運作狀況。因此，在觀察過程中，我們就

會看到與早期觀察結果不太一樣的現象。這種現象就是生命與死亡不是截然不同的兩個階段，而是一個連貫的過程。就是這種過程的連貫性，讓我們看出早期觀察的表面性、外在性。根據這種深入的了解，我們可以說佛教的說法要比基督宗教的說法符合臨床的經驗。所以，從臨床觀察的角度來看，佛教說法是較符合事實的。既然如此，我們對於人死後離體的問題就可以採取佛教的說法。

那麼，在肯定佛教說法的同時，我們就要處理一些離體過程所會遭遇到的相關問題。我們第一個要處理的問題是，人在死亡之後要多久的時間才能離體？按照現在一般的說法，人在死後最遲八小時內就會離體。不過，這並不表示每位亡者都是八小時到了才能離體。有的人可能在死後就直接離體，有的人則在死後不到八小時就離體。除了這種說法外，另外還有最遲十小時離體的說法，甚至於十二小時離體的說法，最多可以高達三天的時間。[5] 由此可見，人死後多久才會離體，最慢什麼時候才會離體，這些說法都是不一定的。不過，就現在的說法來看，八小時離體是較多人採取的說法。這麼說來，我們要如何解決離體時間的問題？

對我們而言，人死後多久才能離體，決定的因素不在於身體本身。因為，身體產生的變化只是一種物理化學的變化，和神識何時離體並沒有必然的關聯。如果要說彼此有關聯，這種關聯也是因與果的關係。換句話說，身體的變化是和神識的狀態有關的。如果神識處於較不執著的狀態，那麼身體就會處於較柔順的狀態；如果神識處於較執著的狀態，那麼身體就會處於較僵硬的狀態。因此，神識的變化決定身體的變化。

既然神識的變化才是關鍵，那麼神識為什麼會有這些變化？一般而言，神識之所以會有這些不同的變化，一方面是決定於神識在生前是如何修行自己，一方面決定死後他人是如何藉著助念來幫助亡者？

如果亡者在生前不斷修行自己，讓自己處在一種比較不執著的狀態，那麼在他死的時候，他對於人間的一切和身體就比較不會那麼執著，神識自然就會比較容易離體。如果亡者在生前沒有不斷修行自己，甚至於沒有修行，那麼他在死的時候就容易執著，對於人間的一切和身體也就不太容易放下，這時神識自然不容易離體。

　　此外，除了上述生前的修行因素外，我們還需要考慮死後助念的問題。如果亡者在生前雖然沒有太多的修行，甚至於沒有修行，但是在死後有人助念，只要他願意接受這樣的訊息，那麼他的神識一樣可以在助念的幫助下進入較不執著的狀態。如果他在生前已經有了修行，雖然修行得還不太夠，但是在死後有人幫忙助念，只要他接受他人助念的護持，那麼他的神識會更容易進入不執著的狀態。所以，我們的神識何時才會離體，決定的關鍵在於神識本身的變化。至於身體變化的跡象，則是我們判斷神識是否離體的參考依據。因此，我們可以從身體何處最後冰冷的狀態看出神識離體的時間。如此一來，有關神識離體時間最長多久的爭議就可以暫時擱置一旁，由實際臨床的狀況來決定。

　　我們第二個要處理的問題是，不同的離體部位所代表的意義為何？就我們的了解，對於這個問題也有不同的說法。一般而言，最常見的說法是「頂聖眼天生，人心餓鬼腹，傍生膝蓋離，地獄腳板出」。[6] 根據這樣的說法，人死了以後如果最後冰冷的部位是頭頂，那麼亡者就會往生西方淨土。如果最後冰冷的部位是眼睛，那麼亡者就會往生天道。如果最後冰冷的部位是心臟，那麼亡者就會往生人道。如果最後冰冷的部位是腹部，那麼亡者就會往生餓鬼道。如果最後冰冷的部位是膝蓋，那麼亡者就會往生畜生道。如果最後冰冷的部位是腳底，那麼亡者就會往生地獄道。

　　雖然這樣的說法已經相當完整地交代了人死後的輪迴狀況，但是

卻忽略了阿修羅道的說明。關於這一點，我們可以在另外一個類似的說法中找到補充，這個說法就是「頂聖眼天生，人心臍修羅，肛鬼膝畜生，雙足墮地獄」。[7] 根據這個說法的補充，人死後要往生阿修羅道，最後冰冷的部位必須是肚臍。可是，如果我們再進一步的分辨，就會發現這兩種說法對於往生餓鬼道部位的解釋稍有不同，前者是在腹部，而後者則在肛門。不過，所在部位雖然稍有差異，但實際了解卻沒太大不同。因為，這兩者所說的都與生存欲望有關。

除了上述這兩種說法外，西藏密宗還有另外一種說法。這種說法就是人死後如果最後冰冷的部位是頂髻，那麼亡者就會往生西方淨土。如果最後冰冷的部位是頭頂，那麼亡者就會往生無色界天。如果最後冰冷的部位是雙眼，那麼亡者就會往生色界天。如果最後冰冷的部位是鼻子，那麼亡者就會往生人道或夜叉道。如果最後冰冷的部位是雙耳，那麼亡者就會往生阿修羅道。如果最後冰冷的部位是肚臍，那麼亡者就會往生欲界天。如果最後冰冷的部位是嘴巴，那麼亡者就會往生餓鬼道。如果最後冰冷的部位是生殖器，那麼亡者就會往生畜生道。如果最後冰冷的部位是肛門，那麼亡者就會往生地獄道。[8]

從上述的內容來看，西藏密宗的說法確實要比一般的說法來得詳實。不過，這並不表示這種說法就沒有疏漏之處。實際上，其中還是有一些地方說得不夠清楚。例如有關往生色界天的部分，我們就發現雙眼部位的說明不夠精確，需要用眉毛之際的說法來補充。又如往生人道或夜叉的部分，我們發現只用鼻子的部位來說明，似乎容易造成人道與夜叉的混淆。為了讓人道與夜叉各有所歸，所以就有用眼睛部位說明人道、鼻子部位說明夜叉的說法出現。[9] 經過上述的補充，西藏密宗對於離體部位象徵意義的說明顯得更加清楚完整。

那麼，我們到底要相信哪一種說法呢？會不會這兩種說法都是對的呢？還是說，這兩種說法當中只有一種是對的？說真的，從表面來

看，我們實在很難說哪一種是對的，哪一種是錯的，因為，我們都沒有死過，也沒有相關判斷的經驗。除非我們自己曾經死過，也經歷過這些不同的部位，那時我們才能說哪一種是對的，哪一種是錯的，還是說這兩者都對，只是詮釋與評價的背景不同。因此，我們與其去爭論哪一種說法是對的，哪一種說法是錯的，倒不如把整個討論的重心放在這兩種說法的詮釋重點與評價內容上。

從上述這兩種說法來看，我們發現這兩種說法對於人體的不同部位賦予不同的意義。為什麼他們要這麼做呢？這是因為他們對於人體的不同部位有不同的詮釋重點與評價內容。由於這些詮釋重點與評價內容不同，才會形成不同的說法。因此，我們如果想要找到自己的論點，那麼就必須先了解這些詮釋重點與評價內容的不同，才能選擇出最適合自己的論點。否則，任意決定的結果，只會造成自己的困擾。以下，我們提供進一步的說明。

第一、我們發現一般的說法對於人體的詮釋與評價是遍及整個身體的，不像西藏密宗的說法那樣只談及大腿以上的部分，至於大腿以下的部分就不談了。為什麼會這樣？這是因為他們對於身體的認知不同。對一般的說法而言，身體的每一個部位都有它的意義。因此，我們需要對不同的部位給予不同的詮釋與評價。像頭頂的部位，我們就給予最高的詮釋與評價。像雙足的部位，我們就給予最低的詮釋與評價。同樣地，對西藏密宗的說法而言，大腿以上的部位才有意義，其他的部位就沒有意義了。因此，我們一樣要提供不同的詮釋與評價。像頂髻的部位，我們就給予最高的詮釋與評價。像肛門的部位，我們就給予最低的詮釋與評價。所以，我們如果希望往生西方淨土，那麼就必須具備頭頂或頂髻的特質，也就是讓自己進入空的境界或放下一切的執著。同樣地，如果我們要往生地獄道，那麼就必須具備雙足或肛門的特質，也就是讓自己進入完全不覺的境地。

　　第二、我們發現一般的說法與西藏密宗的說法對於身體各個部位的解釋有同也有異。例如對於頭頂部位的解釋，一般的說法就只強調頭頂可以往生西方淨土，沒有像西藏密宗的說法那樣，進一步分辨頭頂與頂髻，指出頂髻才能往生西方淨土，頭頂只能往生無色界天。一個人如果想要往生天道，在一般的說法中就必須經過眼睛的部位。可是，在西藏密宗的說法中，眼睛只是往生天道中的色界天。如果希望往生無色界天，就必須神識從頭頂離去。如果希望往生欲界天，神識就必須從肚臍離去。一個人如果想要往生阿修羅道，在一般的說法中，神識只能從肚臍離去。在西藏密宗的說法中，則要從雙耳離去。一個人如果想要往生人道，在一般的說法中，神識只能從心的部位離去。在西藏密宗的說法中，則要從鼻子或眼睛離去。一個人如果想要往生餓鬼道，在一般的說法中，神識只能從腹部或肛門離去。在西藏密宗的說法中，則要從鼻子或嘴巴離去。一個人如果想要往生畜生道，在一般的說法中，神識只能從膝蓋離去。在西藏密宗的說法中，則要從生殖器離去。一個人如果想要往生地獄道，在一般的說法中，神識只能從雙足離去。在西藏密宗的說法中，則要從肛門離去。

　　第三、從上述的對照說明中，我們發現這兩種說法各有各的詮釋方式與評價依據，不容任意地混淆。如果我們任意混淆，不但會破壞系統的一致性，也會讓我們的判斷變得難以理解。所以，為了讓我們的判斷可以理解，在詮釋身體不同部位的象徵意義時，必須給予同一系統的解釋。例如在頭頂的部位，我們不能說亡者既可以往生西方淨土，也可以往生無色界天。因為，無色界天的境界雖然已經很高，但是還是比西方淨土來得低些。因此，我們在詮釋與評價上必須區分兩者。這時，我們不是採取一般的說法，就是採取西藏密宗的說法，完全不能混淆這兩者。同樣地，在肛門的部位，我們也不能說亡者既可以往生餓鬼道，也可以往生地獄道。因為，餓鬼道和地獄道雖然都是

三惡道之一，但是餓鬼道在評價上還是要比地獄道來得高些。因此，我們不應該任意混淆這兩者的詮釋系統與評價內容。

第三節　從神識進入中陰身階段談起

其次，我們探討中陰身階段存在的問題。對佛教而言，神識離體以後，並沒有像一般人所想像的那樣，立刻就進入投胎轉世的階段，也沒有像基督宗教的靈魂那樣，立刻就進入永恆的階段。相反地，此時的神識進入了中陰身的階段。那麼，為什麼佛教會有這種不同於一般人與基督宗教的想法呢？關於這個問題，我們可以分成兩個部分來談：第一個部分是從神識到投胎轉世的過程問題；第二個部分是從神識到輪迴的過程問題。

就第一個部分的問題而言，神識在離體之後是否就適合立刻投胎轉世呢？如果神識立刻投胎轉世，那麼會產生什麼樣的問題呢？對佛教而言，神識在離體之後如果立刻就投胎轉世，那麼神識會遭遇下面幾個問題：第一、神識雖然已經脫離身體的控制，但是並不表示神識就完全進入自主的狀態。實際上，神識還是受到過去意念的影響，依舊處於茫昧的狀態。為了讓神識有機會回復自主的狀態，我們需要中陰身階段的存在。第二、神識的投胎轉世固然無法擺脫業力的影響，但是除了業力的影響外，神識還是有自身抉擇的可能。為了凸顯神識的抉擇特質，我們需要中陰身階段的存在。

就第二個部分的問題而言，神識在離體之後是否適合立刻就進入永恆的階段呢？如果神識立刻就進入永恆的階段，那麼會產生什麼樣的問題？對佛教而言，神識在離體之後，如果立刻就進入永恆的階段，那麼神識會遭遇下面幾個問題：第一、這樣的處境表示神識只能

受制於業力的作用，本身完全沒有選擇的可能。為了凸顯神識選擇的特質，我們需要一個選擇的情境。對佛教而言，這個表達神識自主能力的情境就是中陰身的階段。第二、基於每個人存在狀態的不同，我們不能要求每個人都具有相同的自覺程度。為了讓每個人都有機會進入完全自覺的境地，我們需要不同的實踐過程。對佛教而言，短期之內的實踐過程就是每一世的中陰身階段，長期的實踐過程就是所謂的輪迴。

在確認中陰身階段存在的必要性之後，我們進一步探討中陰身存在的性質。從前面的探討可知，中陰身是一種屬於神識離體到投胎轉世之間的過渡性存在。那麼，這種存在是一種怎麼樣的存在？和一般性的存在一不一樣？如果中陰身的存在和一般性的存在一樣，那麼中陰身的存在就會具有時空性。可是，根據上述的探討，我們知道中陰身是神識離體之後的存在。因此，在缺乏身體的情況下，中陰身的存在不可能具有時空的性質。既然如此，我們就不能從時空的角度來理解中陰身。換句話說，中陰身的存在是不同於一般性的存在。如果真是這樣，那麼中陰身的存在會是哪一種性質的存在呢？

對於這個問題，我們可以從神識本身的性質著手。因為，中陰身就是離體之後的神識。雖然中陰身與神識的存在型態不同，但是兩者在本質上卻是相同的。因此，我們只要了解神識的性質，自然就可以了解中陰身的性質。那麼，神識的性質是什麼呢？根據我們的了解，神識的存在是一種意念性的存在。[10] 因此，神識可以隨著意念的變換而變換，不受身體時空的限制。例如，我們現在身體在這裡，但是神識卻可以移動到任何地方。同樣地，我們現在的現實處境是這樣，神識卻可以將自己幻化成完全不同的存在。由此可見，神識具有心想事成的能力。可是，神識由於受到身體的限制，所以這種神通的能力無法完全表達出來。只有在人死後，神識才能擺脫身體的限制，以中陰

身的面目出現，將這種心想事成的神通能力徹徹底底表現出來。[11]

　　不過，這種神通力的展現也不是毫無限制的。首先，在空間的移動上，中陰身雖然可以想到哪裡就立刻到了那裡，但是這種移動還是有限制的。例如母親的子宮就不是中陰身想到就可以到的地方，只有在投胎轉世的時候才能進入。又如佛的世界也不是中陰身想到就可以到的地方，只有在自己成佛時才能進入。[12] 其次，在存在的內容上，中陰身雖然可以幻化成任何事物，但是這種幻化一直在變化當中，無法固定下來。因此，中陰身表面看來似乎神通無限，但實際上卻是無法全然自主的。就這一點而言，中陰身其實並沒有表面看到的那麼神通無限。

　　在了解中陰身的性質以後，我們接著要探討中陰身存在的期限問題。根據佛教的說法，中陰身的存在是有期限的，不可能永無止境的存在著。為什麼佛教會有這樣的認定呢？這是因為中陰身的存在本來就是屬於過渡性的存在。對於這種過渡性的存在，我們如果從永無止境的角度來理解它，那麼這種存在就會失去原有的過渡性質，也就不再是過渡性的存在。為了讓中陰身的存在能夠被如實地了解，所以我們只能從過渡性質的角度，而不能從永無止境的角度來了解。這麼說來，中陰身的存在是有一定期限的。

　　那麼，這個期限有多長呢？在一般的理解中，中陰身的存在期限似乎有四十九天之久。[13] 問題是，我們如何判斷這樣的說法是對的呢？根據上述的了解，中陰身的存在是一種意念性的存在，而這種存在受制於生前的種種作為，以及臨終的種種意念。因此，中陰身的意念會產生何種變化？往何種方向投胎轉世？這些都要看中陰身生前與臨終的種種意念而定。此外，家屬對於亡者的做七法事也有一定的影響。所以，中陰身的存在期限是否一定要四十九天，其實是不確定的。因為，如果我們修得很夠，在臨終時又能放下一切，那麼我們在

死亡的當下就立刻往生淨土，完全不需要經過中陰身的階段。同樣地，一個人如果生前作惡多端，臨終時更是執著一切，那麼這個人在死亡的當下也一樣立刻就轉往三惡道，完全不需要經過中陰身的階段。除了這兩種極端的情況外，一般人在中陰身的階段要經歷多長的時間，其實是要看個人生前的修行、臨終的意念、助念和做七的法事等等狀況而定。如此一來，我們就很難說中陰身的存在期限一定要有多久。那麼，這是否就表示中陰身階段只能存在四十九天的說法是錯誤的呢？

對我們而言，顯然不能這麼簡單的回答。因為，中陰身的投胎轉世確實要有投胎轉世的機緣。可是，這種機緣並不是全然決定於外在環境。如果這種機緣完全決定於外在環境，那麼我們就可以說外在的環境在未成熟的情況下，中陰身只好無限期的等下去。然而，決定中陰身投胎轉世的最根本因素不是外在環境，而是中陰身本身生前的業力、臨終的意念，還有助念和做七的法事。所以，根據中陰身本身的存在狀況，我們實在很難認定中陰身的存在期限是完全不定的。由此可知，一般所謂中陰身最多只能存在四十九天的說法，雖然不容易獲得直接積極的證明，卻可以在上述的思考中得到一個比較間接消極的證明。

如果中陰身的存在期限最多只能有四十九天，那麼中陰身的投胎轉世要選在什麼時候？是越早越好呢？還是都一樣？就佛教的觀點而言，中陰身投胎轉世的早晚其實決定於中陰身本身的修行、臨終的意念、助念和做七的法事。如果中陰身的狀況不錯，那麼他的投胎轉世就會比較早。如果中陰身的狀況不好，那麼他投胎轉世就會比較晚。因此，我們只要好好地修行、臨終意念少執著一些、助念時專注一些、做七時盡心一些，自然會有比較好的投胎轉世結果。換句話說，我們就會有機會往生三善道。反之，如果我們中陰身的狀況不好，那

麼在投胎轉世時就會往生三惡道。所以，為了避免淪落三惡道，我們必須讓中陰身在前三次就完成投胎轉世的機會。[14]

✙ 第四節　從殯葬服務到後續關懷

　　經過上述的探討，我們已經清楚了解佛教對於神識離體與中陰身階段存在問題的相關解答。現在，我們要在這樣的基礎上，探討佛教是如何提供人死後的殯葬服務與後續關懷。對於這個部分，佛教所提供的作法可以分從兩個方面來看：第一個方面就是人死後助念的作法；第二個方面就是人死後做七的法事。以下，我們進一步來說明。

　　就第一個方面而言，人死後的助念是很重要的事情。因為，人生前的修行以及臨終的意念固然會決定人中陰身的狀態，甚至於投胎轉世的結果，可是如果有人提供死後助念的協助，那麼亡者還是有機會改變自己的中陰身狀態與投胎轉世的結果。因此，我們如何提供死後助念的協助給亡者，對於亡者而言是很重要的。那麼，我們要如何提供死後助念才能對亡者產生正面的作用呢？

　　一般而言，在死後助念的作法上，我們通常會以法師作為主要的開示與助念者。為什麼佛教會採取這樣的作法呢？這是因為法師代表佛教。如果我們沒有找法師來引領，那麼在一般人不了解佛法的情況下，亡者的神識可能無法得到適切的引導，以至於難以儘快離體。因此，為了讓亡者的神識可以儘快離體，我們需要法師的引領。

　　可是，需要法師的引領是一回事，是否一定要法師引領則是另外一回事。就我們的了解，法師引領的目的在於佛法的引導。如果沒有法師的引領，那麼一般人很難了解佛法的真諦。所以，法師在引領時重點不在法師本身，而在佛法本身。既然如此，如果一般人有能力進

行引領，那麼法師就可以退居指導的地位，不見得需要親自引領。何況，在引領的過程中，我們常常會發現一個問題，那就是引領的效果如何的問題。如果我們可以找到亡者能夠相應的人作為引領者，那麼引領的效果應該會更好。如果我們沒有找到亡者可以相應的人作為引領者，那麼引領的效果就會大打折扣。所以，為了讓亡者的死後助念更有效益，更能幫助亡者，我們需要在死後助念的部分做些更加合適的規劃。

就第二個方面而言，做七法事對於亡者的重要性更甚於死後助念。為什麼我們會有這樣的想法？這是因為死後助念的神識還在離體的階段，尚未進入投胎轉世的階段，因此，我們對於亡者的助益還在醞釀的過程，還沒有進入落實的階段。所以，就算我們的死後助念對於亡者有很大的影響，這種影響也要等到投胎轉世時，才會整個顯現出來。由此可知，我們如果真的要對亡者提供關鍵性的助益，那麼助益的時機就必須選在亡者進入中陰身的階段，而不只是在死後助念的階段。換句話說，做七法事對亡者的助益才是最重要的。

在確認做七法事的重要性以後，我們進一步探討做七法事要做多久的問題。隨著時代的變化，過去認為做七法事一定要做到七次才可以，也就是一定要做滿七七四十九天。現在，由於時間的不允許，許多家屬認為做七法事不見得要做到滿七，也可以只做其中幾個主要的七。例如只做頭七與尾七，或整個七只做一次代表。問題是，這種改變有沒有合理性？如果做七真的只是時代的產物，可以隨著時代的不同而改變，那麼這種改變當然沒有問題。可是，如果做七不是時代的產物，而有另外的依據，那麼我們就不能根據時代的要求予以改變。否則，這種改變就是有問題的。因此，做七的法事要如何調整是要看做七背後的依據。

從上述的探討來看，做七法事的出現顯然不是時代因素的問題。

因為，做七的法事如果只是時代因素的問題，那麼有關中陰身的說法不就形同無的放矢了嗎？因此，我們需要回到中陰身本身來看。根據上述中陰身，我們知道佛教的做七法事是配合中陰身七次投胎轉世的機會而來的。如果人死後的中陰身不是有七次投胎轉世的機會，那麼佛教就不會安排七次做七的機會。所以，佛教的做七法事是配合中陰身投胎轉世的需要。根據上述的了解，我們就會知道一般人對於做七法事的改變是不恰當的。因為，經過這種改變的結果，中陰身投胎轉世的機會就會出現變化。例如只做頭七與尾七，萬一中陰身在頭七時還沒有投胎轉世，之後就失去了做七的助益，結果只能等到尾七時再投胎轉世。問題是，這時的投胎轉世可能就沒有辦法獲得較好的結果，以至於輪迴到三惡道。對亡者與家屬而言，這種損失是永遠無法彌補的。同樣地，如果我們整個做七的法事只做一次，在中陰身來不及投胎轉世的情況下，那麼亡者就會失去投胎轉世到更好地方的機會。對亡者與家屬而言，這種損失一樣是永遠無法彌補的。那麼，我們要怎麼做，才能兼顧做七法事的投胎轉世要求與時代變遷的要求？

對我們而言，要兼顧做七法事的要求與時代變遷的要求，我們應該捉住整個問題的核心，然後再根據核心的了解進行調整。從上述的探討可知，做七法事的核心在於中陰身投胎轉世的理解。如果我們不能證明這種理解是有問題的，那麼就不能任意改變這樣的作法。否則，任意改變的結果一定會造成亡者與家屬權益的損失。可是，我們實在沒有這種權利。所以，在改變做七法事之前，我們需要先問問自己，這種改變是否會影響到亡者與家屬的權益？如果會，那麼我們就不要做這種改變。如果不會，那麼我們就可以接受這種改變。現在，既然減少做七法事的作法不可行，那麼我們應該如何調整做七法事比較好呢？

一般而言，我們今日對做七法事的調整要求，不是因為做七法

事背後的中陰身依據出了問題，而是今天的人沒有那麼多的時間與精神來應付做七的法事。根據這樣的了解，我們要如何調整做七的法事？首先，我們要考慮的是，現行的做七法事在作法上是否一定不能變？如果按照現行的作法，那麼我們在做七時不但要依據時間來做，還要全員到齊、全程參與。問題是，這種要求讓家屬很難配合。如此一來，家屬慢慢地就會產生既然不能配合不如不做罷了的想法。這種想法在殯葬業者的推波助瀾下，遂造成了家屬與亡者權益的損失。那麼，在了解問題癥結的情況下，我們是否還要堅持這樣的作法呢？如果我們不堅持這樣的作法，那麼要如何調整才合適呢？

就目前的作法來看，有關做七法事的進行已經隨著家屬的需求而調整。例如要做多久，由家屬自行決定。要如何參與，也由家屬自行決定。那麼，這樣的調整是否已經解決相關的問題？對我們而言，這樣的調整還是有問題。因為，做七法事不是為了做七而做的，也不是為了配合時代而做的，而是為了超渡亡者而做的。如果這種調整不能達成超渡的效果，那麼這種調整就沒有意義的。因此，為了讓這種調整產生實質的意義，我們需要依據做七超渡的效果來調整。

其次，我們得討論應該如何調整才能產生效果的問題。從中陰身存在的狀態來看，中陰身是個意念性的存在。因此，我們如果想要讓中陰身獲得超渡的好處，那麼就必須讓中陰身感受到我們對他的幫助。可是，我們要怎麼做才能讓中陰身感受到這樣的幫助呢？對中陰身而言，如何讓他感應到我們的善意是很重要的。為了達成這個目的，我們需要找到他可以信賴與感應的人。這麼一來，他在感應到的時候才會堅信不疑。否則，在無法感應到與感應得不好這兩種情況下，我們就很難對亡者產生正面的效果。當然，對於他的投胎轉世也就無所助益了。所以，在調整做七法事的作法時，我們需要從過去的法師主導方式轉為相應者主導的方式。換句話說，如果相應者是法

師，那麼當然是由法師主導。如果相應者是家屬，那麼當然是由家屬主導。

在確認誰是整個做七法事的主導者以後，我們進一步探討整個做七法事的進行方式。由於過去我們太過拘泥於做七法事的形式，以至於做七法事對家屬造成沉重的負擔。現在，我們不再從形式上做要求，轉而從做七法事的實質效果來看。既然家屬參與的時間與精神都有問題，那麼我們是否可以做相應的調整？就我們的了解，這樣的調整是沒有問題的。因為，主導者不一定就是法師。所以，我們的進行方式自然就會跟著調整。那麼，我們應該怎麼調整呢？在法師從主導者變成指導者的情況下，家屬的參與方式就可以有所改變。例如誦經時就不一定要有法師在旁邊，誦經時也不一定要定點、定時、定量。簡單來說，開示與誦經的過程變得很隨意，不再有任何特定的規矩。唯一堅持的是，在整個做七法事的過程中，參與的人必須誠心誠意地參與，無論是開示或誦經內容的選擇都應該針對亡者的需要，用整個生命回向給亡者，讓亡者在投胎轉世中真實受益。

✚ 第五節　結論

在經過漫長的討論之後，我們終於到了該結束的時候。對我們而言，如何安頓亡者是一個很重要的問題。如果亡者無法真的得到安頓，那麼不但我們的努力都白費了，亡者也無法得到善終。為了避免做白工以及造成亡者無法善終，我們需要事先了解哪一種作法才能真正安頓亡者。對佛教而言，死後助念與做七法事都是安頓亡者有效的方法。問題是，過去我們對於這樣的作法，常常抱持著只知其然不知其所以然的態度，以至於在殯葬服務與後續關懷上造成不恰當的應

用。因此，為了改善這樣的處境，我們需要深入深討這些作法背後的依據，了解為何非要這樣做不可的理由。

首先，我們探討神識離體的問題。在一般的了解下，臨終者在死亡之後不是立刻投胎轉世，就是立刻進入永恆的階段。但是，佛教看法不太一樣，佛教認為人死後需要有一段離體的時間。那麼，上述的看法到底哪一種較為合理？根據我們的了解，佛教的看法似乎較能符合臨床的經驗。如果真是這樣，那麼神識離體需要多少時間？一般的說法是八個小時。不過，是否一定需要八個小時並不重要。重要的是，神識本身的實際處境為何？因此，我們的問題就變成神識如何離體的問題。對我們而言，有關神識離體的身體象徵有兩種不同的說法：一種是一般的說法；一種是西藏密宗的說法。無論這兩種說法為何，重點在於我們自己的抉擇。如果我們選擇一般的說法，那麼就必須設法配合這樣的說法幫助亡者。如果我們選擇西藏密宗的說法，那麼就必須配合這樣的說法幫助亡者。總之，有關神識離體問題的了解，目的都在於如何提供死後助念的作為有效幫助亡者。

其次，我們探討中陰身階段存在的問題。為了化解一般人的質疑，我們透過基督宗教的說法與一般人的說法，對照出佛教中陰身說法的必要性。在確認中陰身階段存在的必要性之後，我們探討中陰身的存在性質。通過神識性質的探討，我們知道中陰身是一種意念性的存在，具有任意移動與幻化的神通。不過，這種能力並不是沒有限制的能力。因此，我們需要做七法事的協助。為了讓做七法事的協助更能產生效果，我們需要了解中陰身存在的期限。一般而言，七七四十九天是最大的期限。雖然在此仍然有些爭議，但是依據中陰身的存在狀態，四十九天七次投胎轉世的機會應該是個較為合理的說法。所以，在七次投胎轉世的機會中，我們如何協助亡者早日投胎轉世，以便往生較好的來世，是我們最大的責任。

　　最後，我們探討佛教如何提供亡者合適的殯葬服務和後續關懷的問題。經過上述的探討，我們知道佛教有關殯葬服務與後續關懷的作法，就是死後助念與做七法事。過去由於受到農業社會的影響，有關死後助念與做七法事的作法都顯得較為複雜。現在，在工商社會的影響下，有關死後助念與做七法事的作法都顯得較為簡單。問題是，死後助念與做七法事都有一定的依據，不是單純時代的產物。因此，我們在調整時必須依據相關的說法來調整，否則，調整的結果可能會損害到亡者與家屬的權益。為了避免這種不幸的後果，我們從死後助念與做七法事的核心著手，就是重新確認整個作為的關鍵不在法師與儀式本身，而在是否相應。在相應的要求下，我們自然可以調整出合適的作法。這時，我們所提供的殯葬服務與後續關懷當然就可以產生安頓亡者的效果。

註 解

1 一般而言，像基督宗教就是抱持這樣的看法。對他們而言，一個人
如果要相信上帝，那麼只有利用活著的時候。否則，死亡一旦來臨
就不再有機會了。所以，人是否能夠善終，就要看他生前是否做對
信仰的選擇。

2 一般而言，這種看法可以用科學作為代表。根據科學的說法，人死
後就一無所有。因此，死後的生命是不可能存在的。如果有人相信
死後生命的存在，那麼這個人一定是迷信的想法。

3 索甲仁波切著，鄭振煌譯，《西藏生死書》（台北：張老師，
1996），頁25。

4 星雲大師，《佛教叢書之七——儀制》（高雄：佛光，1997），頁
249-250。

5 智敏・慧華金剛上師，《往生之鑰——超越生死之道》（台北：諾
那・華藏精舍，1991），頁6-7，61。

6 常律法師，《中國生死書》（台北：宇河，2002），頁17。

7 陳兵：《生與死的超越——破解生死之謎》（台北：圓明，
1997），頁187。

8 羅德喇嘛著，林慧卿譯，《死亡與轉生——中陰身的秘密和轉世之
道》（台北：水星，2001），頁42-43。

9 同註7。

10 同註3，頁359-360。

11 同註7，頁194-195。

12 盧勝彥，《臨終關懷——黃金八小時》（台北：大燈，2004），頁

116-117。

[13] 同註7，頁195。

[14] 同註3，頁374。

生命事業管理叢書 5

禮儀師與殯葬服務

作　　者／尉遲淦
出 版 者／威仕曼文化事業股份有限公司
發 行 人／葉忠賢
總 編 輯／閻富萍
地　　址／新北市深坑區北深路三段 260 號 8 樓
電　　話／(02)8662-6826
傳　　真／(02)2664-7633
網　　址／http://www.ycrc.com.tw
　E-mail ／service@ycrc.com.tw
印　　刷／鼎易印刷事業股份有限公司
　ISBN ／978-986-85746-9-4
初版一刷／2011 年 7 月
定　　價／新台幣 320 元

國家圖書館出版品預行編目（CIP）資料

禮儀師與殯葬服務 / 尉遲淦著. -- 初版. --新北市：
威仕曼文化, 2011.07
    面； 公分. --（生命事業管理叢書；5）

    ISBN 978-986-85746-9-4（平裝）

    1.殯葬業 2.殯葬 3.喪禮

489.67   100011034